技術者に必要な
地盤災害と対策の知識

Shogaki Takaharu
正垣孝晴＝著

鹿島出版会

まえがき

「豊葦原瑞穂の国」として、我々は四季折々の国土景観と豊かな自然の恵みを享受している。一方で、日本列島は北米プレートとユーラシアプレートの二つの大陸地殻にまたがり、さらに太平洋プレートあるいはフィリピン海プレートの沈み込みによってこれらの2方向から強く圧縮されている。このようなプレートの運動は、地震や火山等の自然災害の場を形成し、地殻の上昇も加わり、非常に脆弱な地盤を有する日本列島を形成している。また、我が国は温帯多雨の気象条件により、著しい浸食と複雑で不安定な地質と地形によって形成され、土石流や深層崩壊の潜在誘因も多い。関東・濃尾・大阪平野等は、地質年代的に新しい沖積層で構成され、地盤沈下や地震時の液状化等の地盤工学上の多くの問題も内在している。

すなわち、我が国は脊梁山脈が中央に走り、大きな気候変化と多くの降雨量に加え、世界有数の地震国で、火山国でもある。国土の10%に相当する氾濫低地に人口の50%、資産の75%が集中[1]する自然・社会条件下で、世界で発生するあらゆる種類の自然災害が、しかも激甚な規模で発生している。

1946年から2013年までの67年間に発生した自然災害や事故として、**表1**に示すように地震、津波、台風、水害、火山噴火、土石流災害、トンネル崩壊事故に加え、大谷石採掘地区陥没、御徒町駅前の陥没、ナホトカ号重油流失事故、原子力発電所事故等が発生している。これらの内訳を**図1**に示す。戦後の67年間に主要な地震（28)、水害（13)、火山噴火（7)、台風（4)、土石流災害（2）の自然災害は全体の77%を占めるが、トンネル崩壊事故（3）に加え、構造計算書偽装問題の発覚や原子力発電所事故に起因した放射能汚染も発生している。

表1　自然災害・事件・事故等の変遷[2)]**に加筆修正**

No.	年	自然災害・事件・事故等	No.	年	自然災害・事件・事故等
1	1946	南海地震（*M*8.0）	36	1998	ナホトカ号重油流出事故
2	1947	カスリン台風	37	1999	広島豪雨災害
3		福井地震（*M*7.1）	38		福岡水害
4	1952	十勝沖地震（*M*8.2）	39	2000	有珠山噴火
5	1954	洞爺丸台風	40		三宅島噴火
6	1956	水俣病発生確認	41		鳥取県西部地震（*M*7.3）
7	1957	諫早水害	42		東海豪雨
8	1958	狩野川台風	43	2001	芸予地震（*M*6.7）
9	1959	伊勢湾台風	44		大蔵海岸人工砂浜陥没事故
10	1960	チリ地震津波	45		2003年十勝沖地震（*M*8.0）
11	1962	三宅島噴火	46	2003	宮城県北部地震（*M*6.2）
12	1964	新潟地震（*M*7.5）	47	2004	新潟・福井豪雨災害
13	1967	羽越水害	48		福島豪雨
14	1968	十勝沖地震（*M*7.9）	49		新潟県中越地震（*M*6.8）
15	1972	北陸トンネル列車火災事故	50	2005	福岡県西方沖地震（*M*7.0）
16	1974	多摩川水害	51		宮城県南部地震（*M*7.2）
17	1976	9.12水害（長良川決壊）	52		構造計算書偽装問題発覚
18	1978	宮城県沖地震（*M*7.4）	53	2007	能登半島地震（*M*6.9）
19	1979	日本坂トンネル火災事故	54		新潟県中越沖地震（*M*6.8）
20	1981	石狩川水害	55	2008	岩手・宮城内陸地震（*M*7.2）
21	1983	日本海中部地震（*M*7.7）	56		岩手県沿岸北部を震源とする地震（*M*6.8）
22		三宅島噴火	57	2009	中国・北九州豪雨災害
23	1986	大島噴火	58	2011	新燃岳噴火
24	1987	千葉県東方沖地震（*M*6.7）	59		東北地方太平洋沖地震（*M*9.0）
25	1989	大谷石採掘地区陥没事故	60		福島第一原子力発電所事故
26	1990	雲仙普賢岳噴火	61		長野県北部地震（*M*6.7）
27		御徒町駅前陥没事故	62		静岡県東部地震（*M*6.4）
28	1993	釧路沖地震（*M*7.5）	63		紀伊半島豪雨
29		北海道南西沖地震（*M*7.8）	64		新潟・福島豪雨
30	1994	北海道東方沖地震（*M*8.1）	65	2012	JX水島製油所海底トンネル落盤事故
31		三陸はるか沖地震（*M*7.6）	66		八箇峠トンネルガス爆発事故
32	1995	兵庫県南部地震（*M*7.2）	67		九州北部豪雨
33	1996	蒲原沢土石流災害	68		竜巻（茨城，宇都宮）
34		豊浜トンネル崩壊事故	69		笹子トンネル事故
35	1997	第2白糸トンネル崩壊事故	70		三陸沖地震（*M*6.9、*M*7.2）

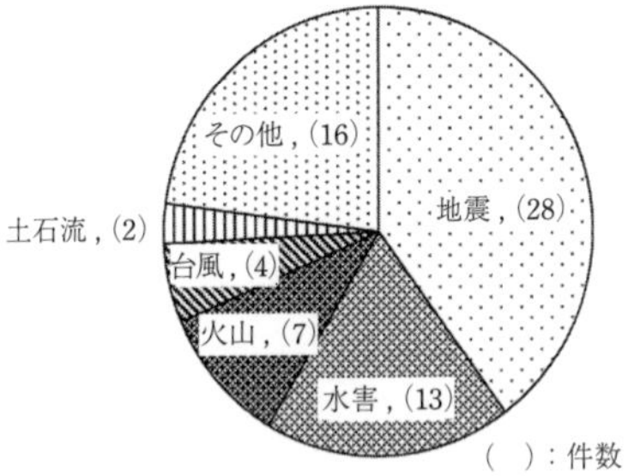

図1　自然災害の内訳[2]に加筆修正

口絵写真①は**表1**を図示したものであり、図中の番号は**表1**のそれに対応している。1945年の終戦から1990年のバブル崩壊に至る復旧・復興から高度成長期に、自然災害の発生は少なく、この時期の国家予算のかなりを社会資本整備に使える時期が続いた。しかし、1995年兵庫県南部地震（No.32）後は、自然災害が急増し、水害・火山・台風・土石流・その他を含む39件の災害の中でも地震の発生が16件と最も多い。この時期はマグニチュード*M*7程度以上の地震がほぼ毎年発生していることになる。また水害も9件と多い。

我が国のこのような国土と地盤の特殊性に起因して、地盤災害にも多くの形態がある。本書では降雨と降雪による河川堤防や斜面崩壊と地震による地盤や建物被害を取り上げる。一方で、自然災害とは異なる工事等における地盤や構造物被害として、通常の盛土や掘削工事における地盤災害や水の浸透、地盤の挙動に起因した構造物被害も、しばしば発生している。したがって、このような水の浸透や土の有効応力・強度変化に起因した地盤破壊のメカニズムと対策についても本書で述べる。

1995年兵庫県南部地震による被災を教訓にして、レベルⅡ設計地震動（構造物の耐震設計に用いる入力地震動で、現在から将来にわたって当該地点で考えられる最大級の強さをもつ地震動）を考慮して技術基準等が改定された。2011年東北地方太平洋沖地震では、これらの技術基準等で設計・施工されたほとんどの構造物の地震動被害はないか軽微な状況であったことが報告されている[3]。しかし、これらの基準等に関係して、想定や提言が十分に行われていなかった以下の要因と形態の被害[3]が多数報告されている。

・巨大津波
・継続的な大規模余震
・広域多所災害
・個人所有の戸建住宅の激甚被害
・機能を完全に喪失する崩壊
・付帯設備の地盤災害によるシステムの機能障害
・地盤工学的な対応が必要な地盤沈降と地盤沈下、農地塩害、津波堆積物、放射能汚染土壌、災害廃棄物と有効利用等の諸問題

これらのうちの地盤に関する災害メカニズムの解明や設計・施工への反映は、産官学を結集した今後の精力的な活動を待つ必要がある。

被災時の救援・救助・救命・水防活動や災害派遣を担当する関係者や技術者の中には、地震、降雨等に起因する地盤災害のメカニズムの知識が十分でなく、適切な対処法に加え、避難誘導や当事者の安全管理が適切でない状況も散見される。また、各自治体においても、地盤災害に関するメカニズムの知識を市民にもわかりやすく説明できる蓄積を有することは、常時の備えとして、また災害時の適切な対応のためにも必要なことである。

液状化という用語は、新潟地震（1964年）以降、専門家以外の市民レベルでも広く知られるようになったが、研究者や技術者による正確なメカニズムの啓蒙が十分でなく、繰返し発生する地震に対する被害やそれに起因する地籍の移動に伴う訴訟も絶えない。また、工事に伴う沈下・安定・透水等の地盤の挙動に起因した災害や建物被害、それらに関する訴訟問題[4]も同様である。これらの原因は、土（地盤）の性質や地盤災害のメカニズムと対策を市民レベルでわかりやすく説明した啓蒙書が十分でないことや、大学教育でも教える機会が少ないことに加え、わかりやすく教えるための教材が少ないことも理由とし

て否定できない。これらが本書起稿の背景である。

著者は、土木工学以外の理工学や社会科学系の学部学生、大学院の学生に“地盤災害のメカニズムと対策”の内容の講義を担当している。本書はその講義ノートを中心に上記の方針で編み直し、著述したものである。

専門以外の一般の方にも理解しやすいように噛み砕いた表現を心がけたつもりである。その結果として、学術的な正確さに欠けるところや十分でないところが散見される。これらは、著者の浅学非才に起因している。本書の至らぬところに対しては、読者の批判を真摯に受け止め、今後の進展のための貴重な糧にさせて頂きたいと思う。

参考文献

1) 大石久和・川島一彦：脆弱国土を誰が守る、中央公論、pp.148-165, 1998.6.
2) 正垣孝晴・西田博文・大里重人・笹倉剛・中山健二・伊藤和也・上野誠・外狩麻子：地盤工学におけるリスクマネジメント、4. 自然災害・法令・社会情勢等の変遷と地盤リスク、地盤工学会誌、Vol.59, No.9、pp.77-84、2011.
3) 地盤工学会：地震時における地盤災害の課題と対策、2011 年東日本大震災の教訓と提言（第一次）、60p, 2011.
4) 地盤工学会：役立つ !! 地盤リスクの知識、192p, 2013.

口絵写真の説明ページと写真の概要

口絵写真のNo.	説明ページ	写真の概要 ⑧と⑩は2007年新潟県中越沖地震による被災写真、その他は2011年東北地方太平洋沖地震による被災写真である。③,④,⑦,⑪,⑫は諏訪靖二氏提供。
①	*iii*	1946年から2013年までの67年間に発生した自然災害や事故をまとめている。1945年の終戦から1990年のバブル崩壊に至る復旧・復興から高度成長期に、自然災害の発生は少なく、この時期の国家予算のかなりを社会資本整備に使える時期が続いたが、その後M7程度以上の地震はほぼ毎年発生している。
②	*88*	①に示す自然災害と事故に関して、規格・基準や法律の改正に影響を与えた災害・事件等の系譜。
③	*131*	谷埋め盛土の大規模な地すべりであり、この造成宅地の80%以上が激甚な地盤と建物被害を受け、内陸部の被災地域としては唯一防災集団移転事業の適用を受けた。
④	*131*	1978年宮城県沖地震後打設された地すべり抑止杭が2011年東北地方太平洋沖地震で現れた。
⑤	*131*	腹付け盛土の上にあるポーチを含む玄関の階段や駐車場は、最大40cm程度の水平移動と沈下を生じた。母屋は変状ない。
⑥	*131*	擁壁の破断・傾斜と地盤の変状に起因して建物が大きく傾斜した。擁壁は3カ所で破断し、各部の不等沈下が大きく、前後・左右の移動量も異なる。敷地地盤の不等沈下や水平移動量も大きい。
⑦	*132*	砂地盤の液状化に起因した建物と土塀の不等沈下。
⑧	*132*	M6.8、最大震度6強の強振動により、地盤が沈下して基礎が剥出しになった。コンクリートブロックはインターロッキングの破壊を生じている。隣接する建物の柱は、床と分離してせん断破壊した。
⑨,⑳	*134*	防潮堤の全断面が延長700m程度に亘り全壊した。堤体は良質な砂質土を用いて良く締め固められていたことから、津波の波力に起因した被害である。
⑩	*137*	被災2カ月後の写真である。斜面の復旧は、法枠工によって行われた。
⑪	*132*	送電用鉄塔の上部構造の津波による変状。
⑫	*132*	送電用鉄塔は津波で流出したが、基礎は津波の影響を受けていない。
⑬	*133*	橋台は支持力のある地盤に支持されていて、地震動による変状はないが、橋台周辺の盛土部は約30cm沈下して、橋台との乖離部分が白く写っている。
⑭	*133*	コンクリート法面工は、堤防本体から分離して堤外の法尻側に滑動した。
⑮	*133*	浸水被害近傍の堤防の補修工事。堤防の基礎地盤は、粒径の揃った砂質土であり、堤防の沈下等の変状は、地震動による液状化も起因していると推察される。
⑯,⑰	*133*	鉄道橋(⑯)と道路橋(⑰)が津波によって寸断され、橋桁も流された。
⑱	*134*	防潮堤の堤内側の天端面のコンクリートスラブが津波によって移動して、法面最上段のコンクリート法面工も剥ぎ取られ、破断した。この部分の堤外側のコンクリート法面工は何の損傷も受けていない。
⑲	*134*	越流した津波が法面を急速に流下した際に生ずる強烈な吸い上げ力により、盛土に固定されていない天端のコンクリートスラブと下流側最上段のコンクリート法面工が剥ぎ取られたと考えられている。

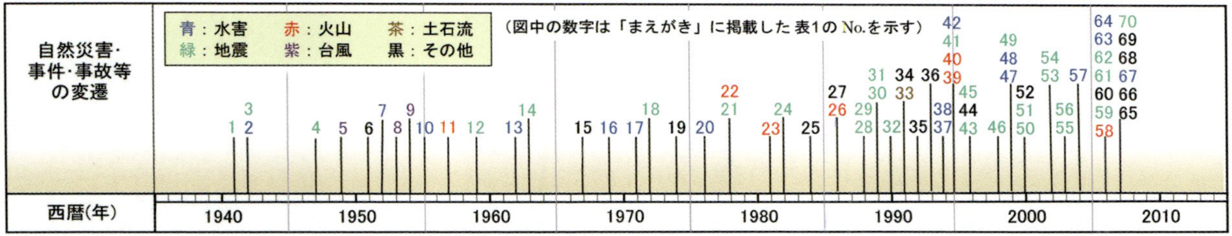

①自然災害・事件・事故等の発生 まえがきの参考文献2)に加筆修正

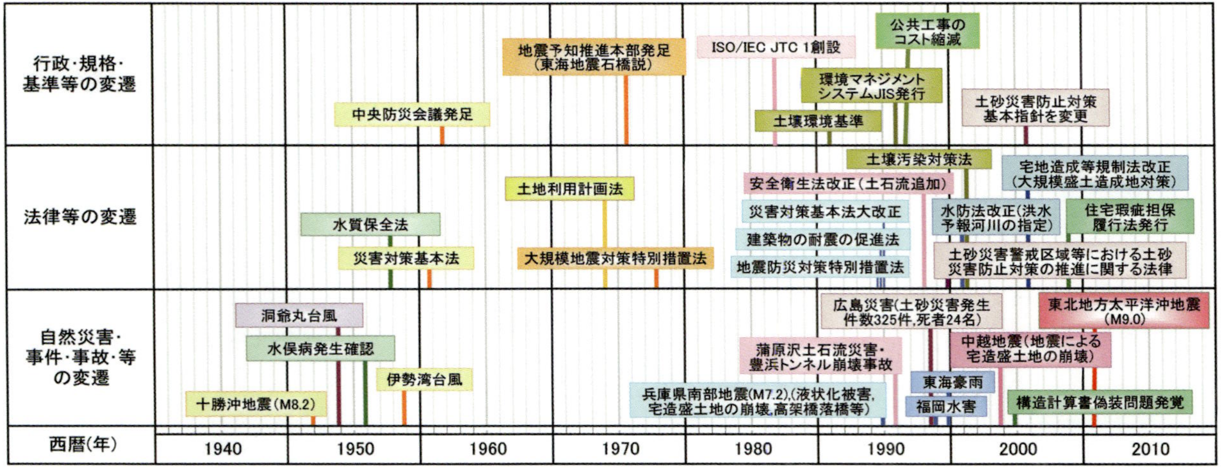

②自然災害等による法律・規格・基準等の変遷 まえがきの参考文献2)に加筆修正

③谷埋め盛土の地すべり（仙台市折立）

④ 33 年前の地すべり防止杭の頭部
（仙台市折立）

⑤腹付け盛土の変状（仙台市折立）

⑥擁壁の破断・変状（仙台市折立）

⑦沈下した土塀（潮音寺）

⑧地盤沈下によるインターロッキング（柏崎市）

⑨防潮堤の破壊（宮古市野田地区）

⑩青海川駅の復旧（被災２カ月後）

⑪鉄塔の津波被害（女川町）

⑫津波後の鉄塔基礎（女川町）

⑬河川堤防の沈下（多賀城市砂押川右岸）

⑭河川堤防の沈下と変状（多賀城市砂押川左岸）

⑮河川堤防決壊部の補修
（多賀城市砂押川右岸）

⑯鉄道橋の寸断（南三陸町）

⑰道路橋の寸断（南三陸町）

⑱海岸堤防の変状（名取市七ケ浜町）

⑲防潮堤の変状（宮古市金浜地区）

⑳防潮堤の変状（宮古市野田地区）

目　　次

コラム

カバー写真の説明ページと写真の概要

カバー写真	説明ページ	写真の概要
左上	*110*	地震時の自然斜面の液状化による家屋の滑動・倒壊（2011 年東北地方太平洋沖地震：諏訪靖二氏提供）。
左中	*132*	3 階建ての鉄筋コンクリート構造物が、7m 程度の長さの基礎杭をぶら下げた状態で転倒している。地震で液状化した地盤によって杭が鉛直支持力と摩擦抵抗力を消失して、地中で杭が浮いた状況下で津波により建物が転倒した際に、杭が同時に抜き上がったと考えられている（2011 年東北地方太平洋沖地震：諏訪靖二氏提供）。
左下	*93*	越流侵食や浸透破壊が複合的に発生したと考えられている（2004 年台風23号：国土交通省近畿地方整備局提供）。
右上	*137*	青海川駅の斜面崩壊直後の写真である。地震動によって、海食段丘上の円礫混じりの堆積物が崩壊したが、基盤岩上面からの湧水も確認された。（2007 年新潟県中越沖地震：株式会社興和提供）。
右中	*132*	*M*6.8、最大震度 6 強の強振動により、建物の柱は、床と分離してせん断破壊している（2007 年新潟県中越沖地震）。
右下	*108*	地震時の液状化によるマンホールの浮き上がり（2007 年新潟県中越沖地震：株式会社興和提供）。
裏	*138*	奇跡の一本松：2011 年東北地方太平洋沖地震における被災者に対する哀悼と復興への願いをこめて。

1．地盤材料の分類と地盤の性状

地盤災害のメカニズムと対策を理解するための基本として、土の微視構造を走査型電子顕微鏡の観察から明らかにして、地盤の性状とばらつきを認識する。また、我が国の統一土質分類のための粒度分析試験と液・塑性限界試験から、地盤材料の分類を行い、設計や地盤災害の原因調査や対策に用いる地盤モデルの考え方を述べる。最後に、地盤調査・設計・施工・災害検証等のプロセスの中で発生する地盤リスクの対象と不確定性を述べ、地盤諸係数を求める過程とそこに介在する誤差要因を示す。

1.1　地盤の性状と地盤データのばらつき

（1）地盤の性状

我々が生活で必要とする各種構造物は、地球の表面上、あるいは極めて地表面に近い所に構築される。したがって、構造物の設計・施工や地盤災害で対象とする地盤は地球表層のすべてといってよいが、それは土質地盤と岩盤（石）から構成される。これらの地盤は、地球の誕生後、永い歴史の中で自然が創り上げてきたものであり、極めて複雑で多種多様な姿を呈している。自然の堆積作用によらない人工地盤としての埋立地盤や盛土、あるいは自然地盤に人工的改変を加えた改良地盤であっても、自然地盤の複雑さに近いのが現実である。

建設材料として多用される鋼鉄やコンクリートなどは、工場生産される人工材料であり、厳しい品質管理によって材料特性を、ある与えられたばらつきの範囲に納めることが可能である。これに対し、同じ建設材料である岩石や土質材料、あるいはその集合体としての地盤は、天与のものであり、我々の努力は材料のばらつきをコントロールするのではなく、むしろ材料特性、あるいは地盤諸係数のばらつきを調べ、把握することに重点を置くことになる。

我々が現在対象とする岩石・土質材料は、図 1.1 に示す地質学的サイクルのどこかの過程に位置しており、程度の差はあっても本来ばらついているものであると認めなければならない。したがって、材料特性を確定論的に唯一決定することは極めて困難であり、ここに必然的にばらつきの程度を考慮した設計法の確立が必要となる。

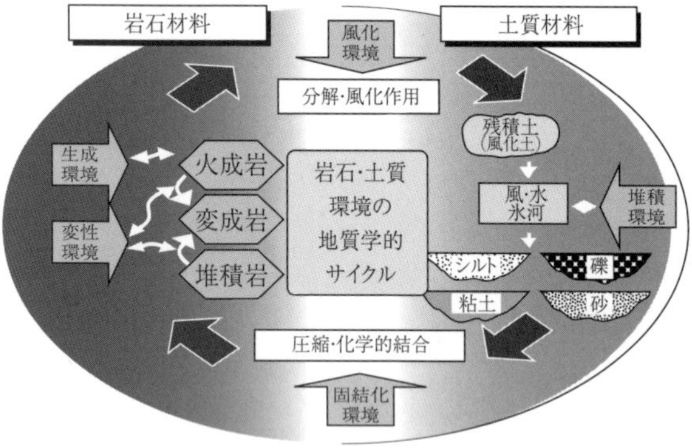

図 1.1　岩石・土質材料の地質学的サイクル[1)]

2011 年東北地方太平洋沖地震では、我が国の観測史上最大となる $M9$ の地震による未曾有の津波や地盤災害が発生した。しかし、このような当時想定外であった地震外力や津波高さのもとでは、図 1.2 に示すように外力の平均値や分布が右に大きく移動するため、地盤強度との関係で確率・統計的な扱いや評価が意味を持たないことになる。すなわち、このような外力分布に対してはダム堤体の安定性照査[2)]や軟弱地盤上の道路盛土の最適破壊確率[3)]が、数％程度の値で議論されることと大きく異なっている。想定外に大きな外力分布に関しては、確率密度が特定できる情報は今のところ得られていない。したがって、図 1.2 においては、頻度や外力と地盤の抵抗力の軸に数値を与えずに分布形状（頻度と標準偏差の統計量）を同じにして、概念的な説明としている。

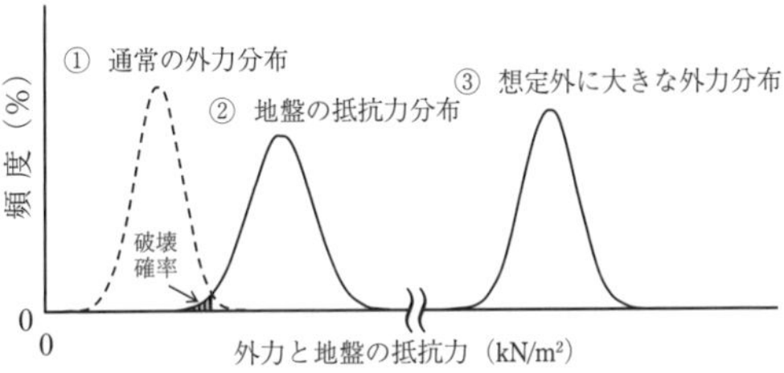

図 1.2　通常と想定外の外力による破壊確率の概念図

コラム　≪シキソトロピーによる強度回復≫

等温可逆的なゾル・ゲルの交換現象を、一般的にシキソトロピーと呼んでいる。地盤工学では、同じ含水比の下で練り返した土の強度が一部回復する現象を指す。火山灰質ロームは、このような性質を持つ代表的な土として知られている。しかし、設計・施工の中で、強度回復の量を積極的に見積ることは行われていない。シキソトロピーによる強度発現のメカニズムが明確になっていないことに加え、強度発現の定量的な評価が行えないことが大きな理由である。

図–1 は、後述の**写真 1.1**(b) に示す浅間山起源の関東（Dam）ロームの一軸圧縮試験の応力 σ と軸ひずみ ε の関係である。約 80 年前に築造されたアースダム堤体から得たブロックサンプリング試料（**図–1** に示す不撹乱試料(◆)）の応力の最大値である一軸圧縮強さ q_u は 130kN/m^2 であり、その練返し土（同、練返し(■)）の q_u は 10kN/m^2 である。アースダムの施工状況を考えると、ダム築造時は 10kN/m^2 の練返し強度が 80 年の歳月で 130kN/m^2 の強度（鋭敏比 13）を発現したことになる。

図–1 には、一定温度と含水比下で、養生期間が 435 日までの結果が示されている。q_u や σ と ε の関係は、養生期間の進行とともに不撹乱の供試体のそれに近づいている。これらの養生による強度回復は、供試体のサクションが増加して、微視構造も不撹乱土の団粒構造に変化することに起因することがわかっている[1)]。

図–2 は、練返し強度 S_R に対する養生後の強度 S_A をシキソトロピー強度比 R_t として、養生期間に対してプロットしている。カオリナイトとベントナイト、メキシコ粘土に加え、関東ロームとして、Dam と箱根火山起源の関

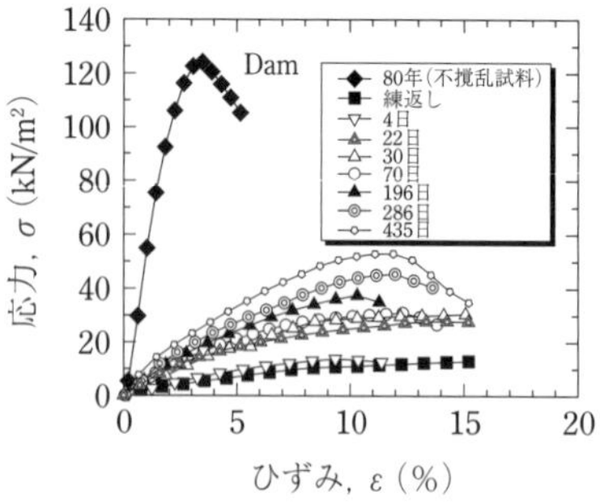

図-1　応力とひずみの関係（Dam ローム）[1)]

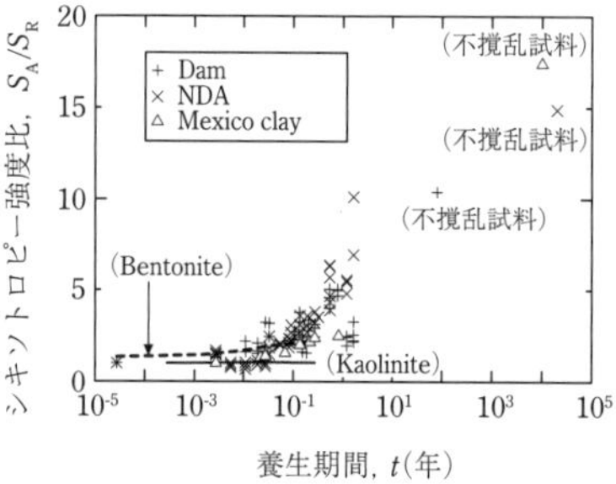

図-2　シキソトロピー強度比の養生変化[1)]

東（NDA）ローム（**写真 1.1(a)**）の結果を併せてプロットしている。メキシコ粘土は、同じ養生期間に対してカオリナイトとベントナイトの中間的な R_t を示しているが、関東ロームの値は、これらの粘土より大きい。関東ロームは SiO_2 と Al_2O_3 が主要構成酸化物であるが、養生とともに Al_2O_3 に対する SiO_2 の比（珪ばん比）が減少した結果を踏まえ、シキソトロピーによる強度発現は、鉱物の結晶化等による物質移動や微視構造の変化が複雑に影響していると考えられている[1)]。

シキソトロピーによる強度発現のメカニズムの解明が進むと、基礎科学の進展に加え、この性質を用いたローム系土の合理的な設計・施工法の開発や工事費の低減に結びつくことが期待される。

参考文献

1)　正垣孝晴：性能設計のための地盤工学、鹿島出版会、pp.253-261、2012.

（2）土の微視構造と地盤のばらつき

写真 1.1 は、走査型電子顕微鏡による粘性土、砂、泥岩の微視構造を示している。それぞれの写真の特徴は以下のようにまとめられる。

① **関東ローム**：横須賀市小原台から採取した箱根火山を源とする 6 万年ほど前に堆積した不撹乱のローム（**写真 1.1**(a)）である。0.5μm 程度の球状の物質が存在し、練返しによる強度低下（鋭敏比は 13 程度）と一定含水比下の強度回復（シキソトロピー）[1)] が大きい。**写真 1.1**(b) は、群馬県吾妻郡から採取した浅間山を起源とする関東ロームである。この試料は、約 80 年前に築造されたアースダムの堤体からブロックサンプリングされた。横須賀市から採取した関東ローム（**写真 1.1**(a)）に見られる球状の物質は、このロームには存在しない。また、ダム堤体の施工時に練返しを受けた試料であるにもかかわらず、鋭敏比とシキソトロピー効果は、横須賀の自然堆積したロームと同等 [1)] である。このような高い活性と鋭敏性は、含有鉱物のアロフェンの性質に起因している。

② **珪藻土**（**写真 1.1**(c)）：新潟県佐渡市の加茂湖から採取した沖積の不撹乱粘土であり、構造的な物質は珪藻（植物性プランクトン）である。珪藻内部の空間に含まれる水が含水比や液性限界を大きくすることで知られる。

③ **沖積粘土**（**写真 1.1**(d)）：横浜港本牧から採取した沖積粘土であり、珪藻に加え貝殻片や火山ガラスの混入が極めて多い。

④ **ピサ粘土**（**写真 1.1**(e)）：イタリアのピサの斜塔下から採取した不撹乱の粘土 [1)] である。5μm 以下の粒径が多いが、母岩であるフリッシュ（Flysch）が氷河等の移動によって細粒化した結果であり、二次鉱物への変質は少ない。

⑤ **カオリン粘土**（**写真 1.1**(f)）：工業生産による市販のカオリン粘土である。粒子の寸法は、5μm 以下が多いので後述**図 1.5** に示す粘土に分類される。同様に**図 1.9** に示す液性限界が小さく活性も低いので、シキソトロピー効果も小さい。

(a) 関東ローム（横須賀市）[1]

(b) 関東ローム（群馬県吾妻郡）[1]

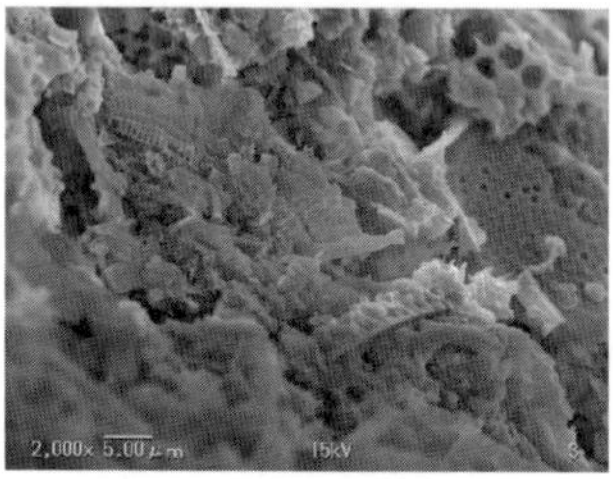

(c) 珪藻土（新潟県加茂湖）

(d) 沖積粘土（横浜市本牧）

(e) Pisa粘土（z=20m）[1]

(f) カオリン粘土

(g) 豊浦砂（山口県豊浦）

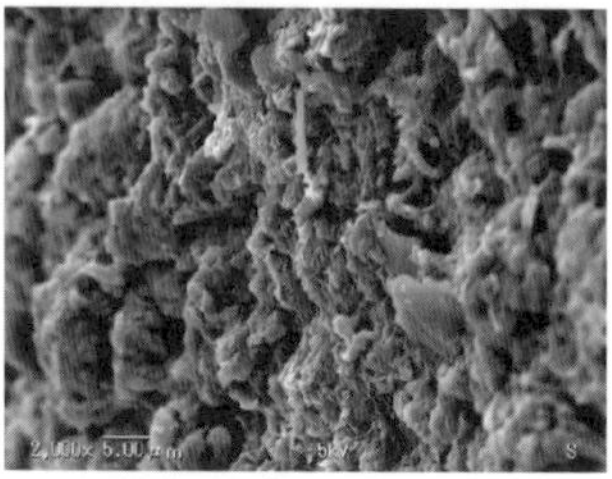

(h) 珪藻泥岩（能登半島）

写真 1.1 走査型電子顕微鏡写真

⑥ **豊浦砂（写真 1.1(g)）**：山口県豊浦産の海砂であり、地盤工学会の物理・力学的試験の標準砂として用いられてきた。ふるい分析試験による平均粒径は 0.24mm である。

⑦ **珪藻泥岩（写真 1.1(h)）**：石川県能登半島産の堆積岩で珪藻の死滅した珪藻遺殻からなる。七輪やコンロの良質材として知られている。調湿性、断熱性、遮音性、脱臭性に優れ、壁材・濾過材・高級漆器の輪島塗製品の下地部分にも使われる。

これらの写真は、100 ～ 5,000 の倍率で撮影されている。肉眼による目視では、いずれも極めて均質に見えるが、微視的には不均一であり、土の種類による様相の変化も大きい。これらの強度・変形特性は大きく異なるが[1)]、その理由がこれらの写真から容易に理解できる。

岩石、土質材料はその生成過程において本来的に不均質で材料特性がばらつくのは**写真 1.1** と**図 1.1** で見たとおりである。そして、その中でも均質と思われる岩石や土を選んでみても、その力学的挙動は複雑である。例えば、ほぼ均一粒径の砂を用いて堆積面と最大主応力方向を変化させて内部摩擦角 ϕ の変化を調べてみると、**図 1.3** のように著しい異方性を持つことが知られている。また、初期密度と拘束圧力を変化させると、ϕ は応力状態によって**図 1.4** のような変化を示す。豊浦砂のように比較的均質な土質材料でも力学挙動に強い異方性や応力依存性が現れる。そして、この傾向は岩石材料でも同様である。力学的挙動は、その他応力履歴、ひずみ速度、拘束条件、温度などによっても変化することが知られている。これらの性質は、コンクリート、鉄、木等の他の建設材料に比較しても特異である。

岩石・土質材料は上述のように生成過程に起因した不均質性を有しその力学的挙動も複雑であるが、それに加えて、地盤は成層状態を呈している。その原因は、隆起、沈降などに伴う堆積環境の変化や断層などの地殻変動が主なものである。

地盤の成層状態は、多層性、傾斜性、不連続性に分けて捉えられるが、対象とする構造物や被災地盤の規模、解析条件、解析手法によっ

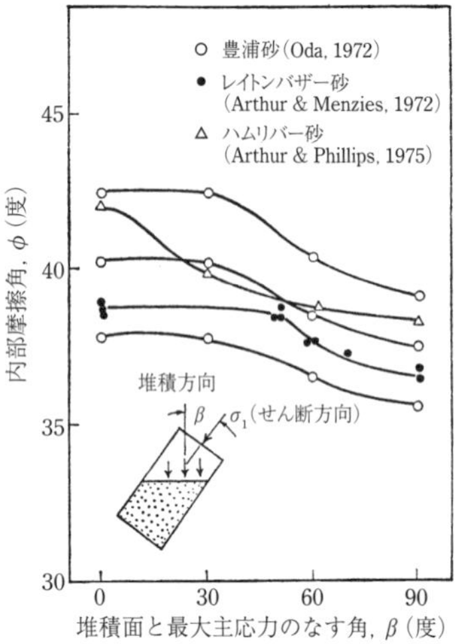

図 1.3　砂質土の強度異方性[4)]

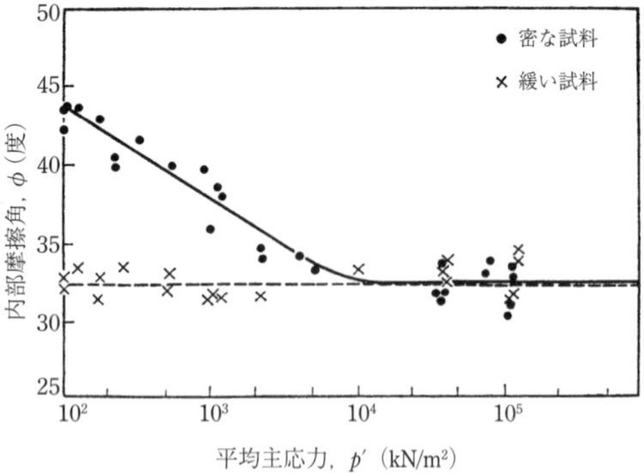

図 1.4　砂質土の応力依存性[5)]

てその重要度や取扱い方法が異なる。例えば、幅数メートルの基礎は 10m の層厚を持つ地盤でも半無限単一地盤として設計され得るが、基礎の大型化に伴って、より深い層状態や離れた位置での不連続面の存在を考慮しなければならない。そして、その結果として解析手法も異なってくる。

コラム　≪土と人工材料のばらつき≫

人間が品質を管理して作る人工材料と比較して、土の強度の変動は大きいという認識を持つ人は多い。**図–1** は、一軸と三軸非圧密非排水条件下の圧縮試験の応力とひずみの関係である。供試土は、桑名粘土に豊浦砂を混入して液性限界の 1.5 倍以上の含水比で練り返した再構成土である。塑性指数 I_P が 15、圧密圧力 σ'_v は 500kN/m^2 であり、直径 26cm の土槽からブロックサンプリングして、それぞれ 10 個の供試体を作成した。20 個の供試体の含水比と湿潤密度の変動は、(29.6 ～ 30.1) ％、(19.7 ～ 19.2) kN/m^3 と小さいことを反映して、初期の応力とひずみの関係は、ほぼ一つの線に収束しており、破壊ひずみも概ね 2％以下である。この供試土は、**1.3** 節で述べる**コラム**（地盤から採取した土の強度・圧密特性の変化）の**図–2** の P 点（完全試料；拘束圧解除の影響のみを受けた等方応力状態の土試料）に近い試料であり、各供試体は力学的にも同程度の品質であると判断される。

図–2 は、10 個の供試体から得た非排水強度（$c_u = q_u/2$）の変動係数 Vc_u を非排水強度の平均値 $\bar{c}_u$ に対してプロットしている。Vc_u は $\bar{c}_u$ に対する標準偏差の比であるが、3 ～ 13％の範囲にあり、一軸と三軸の試験法の差に依存していない。**図–3** は、同様に変形係数 E_{50} の変動係数 VE_{50} を $\bar{c}_u$ に対してプロットしている。VE_{50} は 3 ～ 25％の範囲にあり、この値は $\bar{c}_u$ や一軸・三軸の試験法に依存しない。

図–4 は、横浜港と四日市港に堆積する粘性土に対する乱れの少ない（不攪

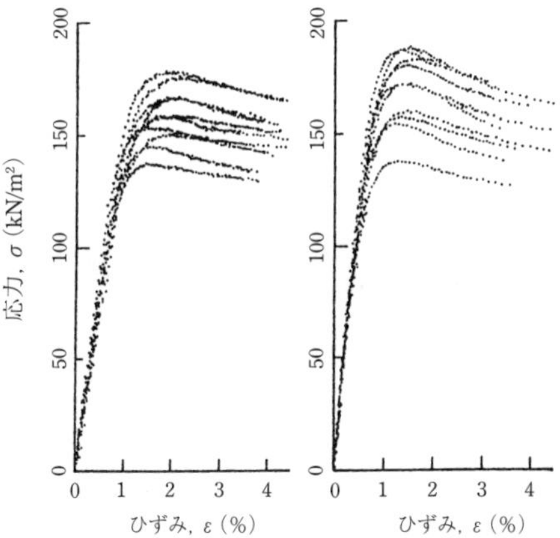

a)　一軸圧縮試験　　b)　三軸圧縮試験(UU条件)

図–1　応力とひずみの関係（再構成土、$I_P = 15$）[1)]

乱）試料に対する乱れた試料の q_u の比と変動係数 Vq_u の関係である。Vq_u は2～17%の範囲であり、図-2に示す再構成土のそれと同等である。一方、乱れの大きい試料のそれは6～52.6%であり、乱れによって Vq_u が大きくなることがわかる。図-5は、乱れによる $\bar{q}_u$ の低下と Vq_u の増加の関係を示している。この関係に乱れの原因が依存しないことから、図-5は、土の乱れが q_u の統計量に及ぼす影響を補正する図として利用できる。

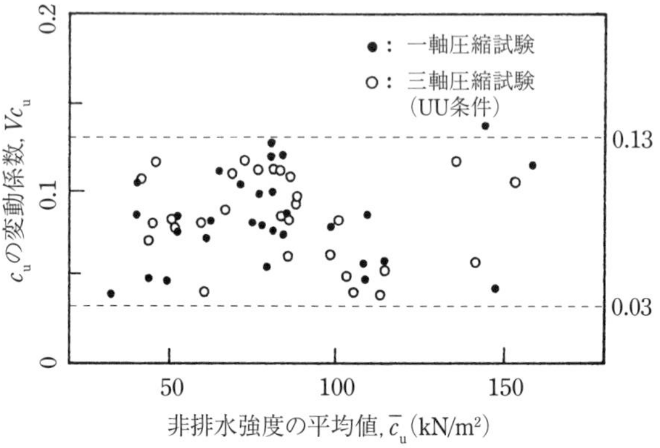

図-2　Vc_u と $\bar{c}_u$ の関係[1)]

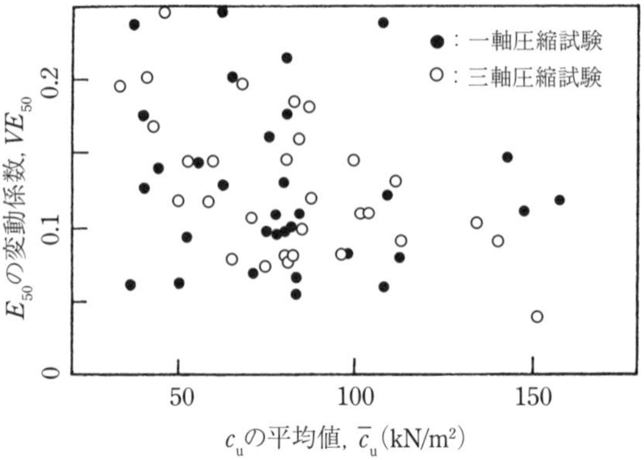

図-3　VE_{50} と $\bar{c}_u$ の関係[1)]

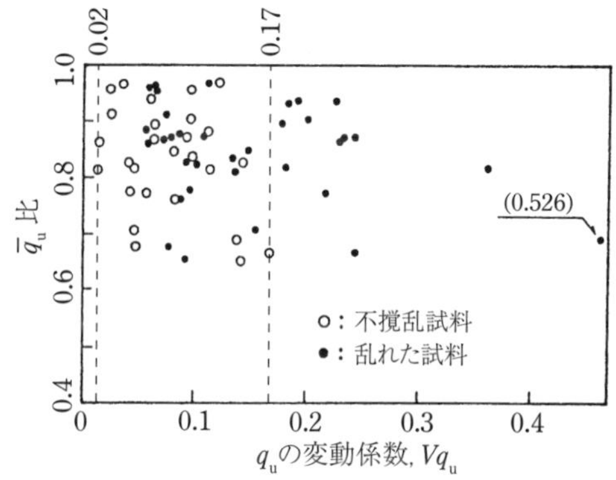

図-4　$\bar{q}_u$ 比と Vq_u の関係[1)]

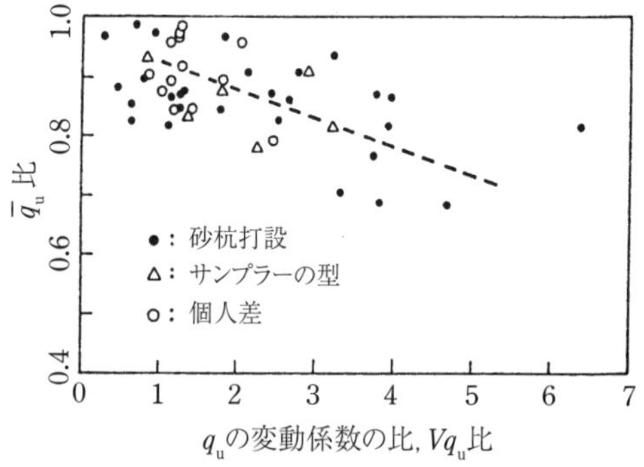

図-5　$\bar{q}_u$ 比と Vq_u 比の関係[1)]

表-1 は、横堀がまとめた人工材料の強度、破壊時間、疲労寿命の変動係数を示している。土の強度の変動係数は、人工材料のそれらと同等であることがわかる。

表−1　人工材料の強度・破壊時間、疲労寿命の変動係数[2)]

各種材料の特性	変動係数（%）
鋼の脆性破壊強度	～ 7.6
鋳鉄の破壊強度	8.8
軟鋼の上降伏点	20.0
軟鋼の極限引張り強さ	5.1
ガラスの破壊強度	24.0
ガラスフィラメントの破壊強度	23.4
耐久限度	2.5 ～ 11.3
ガラスの破壊時間	～ 100
銅のクリープ破壊時間（低温）	～ 70
鉄鋼の疲労寿命	30 ～ 95

参考文献

1)　正垣孝晴：性能設計のための地盤工学、鹿島出版会、pp.110-118、2012.
2)　横堀武夫：強度の一般的特性、材料強度学、技報堂出版、pp.1-18、1974.

1.2　地盤材料の分類

地球表層の地盤を構成する材料は、土質地盤と岩盤に分類される。このような地盤材料の分類は粒径と塑性の観点から、我が国ではそれぞれ日本工業規格 JIS A 1204 と JIS A 1205 の試験法によって統一的に分類される。

図 1.5 は、粒径加積曲線の例と粒径による土と石の呼び名に加え、透水係数の概値を示している。75μm より小さい粒径は、沈降分析試験で求め、75μm 以上の粒径はふるい分析試験から分類する。通過質量百分率が 10%、30%、60%の粒径を、それぞれ D_{10}、D_{30}、D_{60} と表記すると、均等係数 U_c と曲率係数 U_c' は、式 (1.1) と (1.2) で定義される。

$$U_c = \frac{D_{60}}{D_{10}} \tag{1.1}$$

$$U_c' = \frac{(D_{30})^2}{(D_{10} \times D_{60})} \tag{1.2}$$

これらの値は、土や石の粒度の広がりや形状に関する指標であり、前者は粒径加積曲線の傾きを示し、この値が大きいと粒径の幅が広い。一方、後者は粒径加積曲線のなだらかさを示す。D_{10} は、透水係数の推定にも使われ、50％粒径 D_{50} は 4.3 節で述べる液状化の簡易予測に用いることもある。

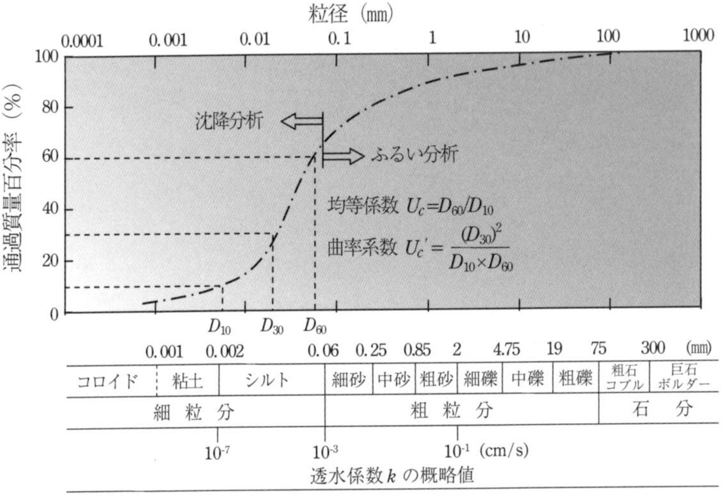

図 1.5　地盤材料の分類と透水係数

土と石は、7.5cm を境に区別される。我が国では、30cm 以上を巨石（ボルダー）、7.5cm ～ 30cm までを粗石（コブル）としている。また、土質材料は、礫（2mm ～ 75mm）、砂（75μm ～ 2mm）、シルト（5μm ～ 75μm）、粘土（5μm 以下）に区別される。人間の頭髪の太さは 50μm 程度であるが、粘土粒子は工学顕微鏡でその形状を認識することは困難であり、走査型電子顕微鏡（**写真 1-1**）等の使用が必要である。砂と礫は粒径によって、さらに細・中・粗に区分される。1μm 以下の微細粒子で電気泳動や電気浸透などの現象を示す土粒子をコロイドと呼ぶが、化学の分野では 0.1μm 以下の粒子を指す。

図 1.5 の粒径加積曲線の下段には粒径に対応する透水係数 k の概値を示している。k の値は、土がせん断変形を受けた際の有効応力（間隙水圧）の変化を支配するものとして、自然斜面や河川堤防の破壊、砂の液状化、粘土の圧密沈下や地震時の遅れ沈下等の地盤の安定・変形問題に加え、3.4 節で述べる地盤内の水の透水や浸透問題に直接的に影響する。砂の k は $10^{-1}\sim10^{3}$cm/s 程度であり、地震時の排水（間隙水圧の消散）に時間を要することから礫を用いた排水材（グラベルドレーン）を地盤に打設して排水効果を高める。一方、粘土の k は $10^{-12}\sim10^{-7}$cm/s 程度と小さいが、水漏れを防ぐための泥土を用いた水田の畦作りは、水の移動速度が小さい粘土の性質を利用している。同様に産業廃棄物等の埋立地からの汚染水や放射能物質の流出防止材としてベントナイト等の粘土が使われている。

図 1.6 は地盤材料の工学的分類を示している。石分が 0% を土質材料、石分が 50% 以上を岩石質材料、土が 50% 以上を石分混じり土質材料と区別している。土は、式 (1.3) で定義される含水比 w によって、

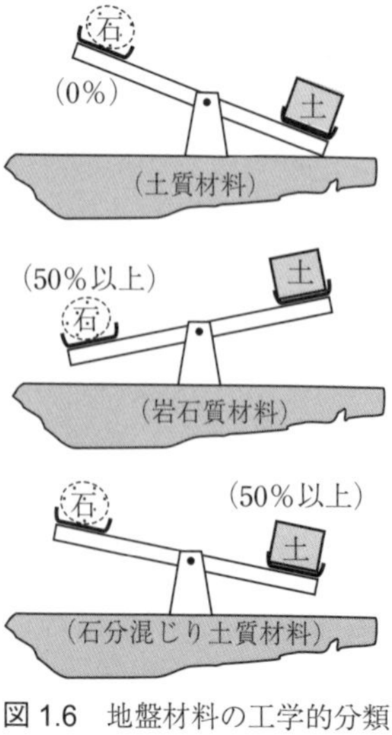

図 1.6　地盤材料の工学的分類

図 1.7 に示すように、液体と同様な性質の「液性状態」、塑性の性質が卓越する「塑性状態」、脆性的な「半固体状態」、体積変化がない「固体の状態」に変化する。我々は、このことを子どもの頃の土遊び体験や陶器の製造過程から知っている。

$$w = \frac{\text{土に含まれる水の質量}}{\text{土の乾燥質量}} \times 100\ (\%) \tag{1.3}$$

このような含水比の変化による土の状態変化や変形に対する抵抗の大小を、コンシステンシーと呼んでいる。そして、練返した土に対して求めたこれらの状態が変化する境界の含水比を、液性限界 w_L、塑性限界 w_p、収縮限界 w_s と定義して、これらを総称してコンシステンシー限界と呼んでいる。この定義はアッターベルク（Atterberg）によって提案され、土の基本的性質を支配する極めて重要な指標として欠くことができない。

図 1.8 は、我が国の統一土質分類法に用いられる塑性図である。液性と塑性限界試験から得た w_L と塑性指数 I_p（$= w_L - w_P$）の値を用いてこの図にプロットすると、その位置によって CH（高塑性粘性土）、CL（低塑性粘性土）、MH（塑性シルト）、ML（シルト）に分類できる。図 1.9 に示すように、塑性図のどこに位置するかによって、土の

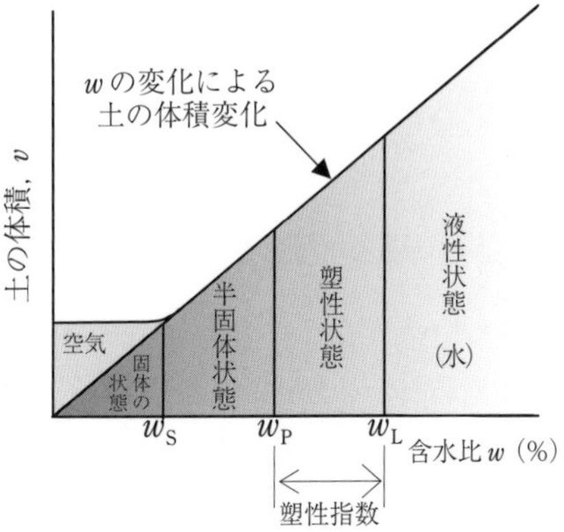

図 1.7　土のコンシステンシー限界

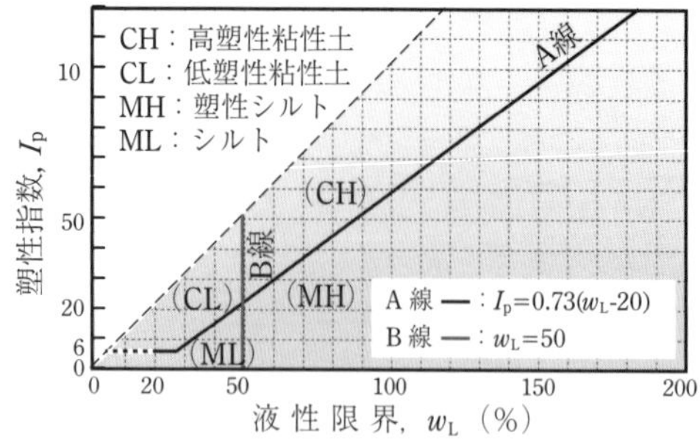

図 1.8　塑性図

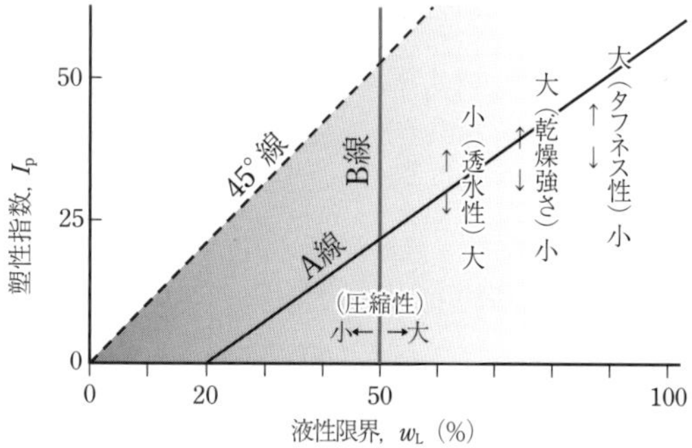

図 1.9　塑性図よる粘性土の工学的性質の概要

粘り強さ（タフネス）、乾燥強さ、透水性、圧縮性等の工学的性質の概要がわかるが、プロットは 45° の破線より下側にしか存在しない。

1.3　設計や地盤災害の原因調査や対策に用いる地盤モデル

地盤材料は、複雑な力学的挙動を示すだけでなく、地質学的サイクルの変遷によって各地層内で不均質に混在しながら成層状態を呈している。このような複雑さ、不均質さを有する地盤を対象にして、我々は各種の構造物を構築し、地盤災害の原因の検討や対策を講ずる。そこでは、自然の地盤をそのまま忠実に捉えているのではなく、現行の調査手法、力学的試験方法、解析手法を勘案し、地盤の単純化、理想化を通して設計や地盤災害の原因・対策に用いる地盤モデルを作成している。すなわち、地盤モデルの設定においては、地層構成や材料挙動の特性などの個々の現象の忠実なモデル化を図ることより、むしろ調査法、試験法、解析手法の調和を保ちながら、対象とする構造物や地盤全体の挙動をより忠実に説明できるようなモデル化を計ることに力点が置かれる。地盤内の浸透のように、水道（みずみち）が極値として現象を支配するような破壊問題にも、このような視点は不可欠である。

各種地盤災害を検証するプロセスは、通常、図 1.10 に示す流れで行われる。しかし、これらのプロセスは個々に独立した作業ではなく互いに強く関連している。すなわち、解析用地盤モデルを作成するときには、我々は既にどのような解析手法を用いるかという解析イメージを頭に描いている。また、その解析手法に必要な地盤諸係数によって力学試験の内容も決まってくる。反対に、得られる力学係数に限りがあれば、おのずと解析手法の選択も狭くなる。

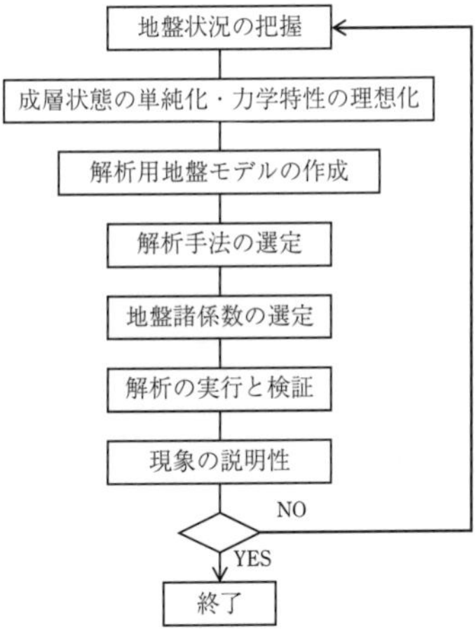

図 1.10　地盤災害検証のプロセス

調査・計測・解析技術の進歩により、複雑な自然地盤を忠実にモデル化し、構造物構築や災害による地盤の挙動予測も高精度化の方向に進むと考えられる。そのとき、構造物の設計や地盤の現象・挙動予測の精度の向上には、上述した各プロセスの一層の向上が不可欠である。成層状態の適切な単純化には調査方法の進歩が必要であり、より忠実なモデル化には力学試験法の向上と材料学的研究の進展が望まれる。加えて、現実の複雑な成層状態、力学特性を取り込める解析手法の開発も必要となる。

表 1.1 は、現在設計で行われているモデル化と地盤諸係数について、そのいくつかの例を示している。解析用地盤モデルとしては各列の項目の数だけ組合せが存在する。最も簡単な解析用地盤モデルとしては、水平単一層、等方性、弾性体の組合せがある。その場合、用いられる地盤諸係数としては、ヤング率 E とポアソン比 ν の二つである。

表 1.1　設計地盤モデルと地盤諸係数[6]

	成層状態の単純化		力学特性のモデル化		解析モデル	地盤諸係数
	水平単一層		等方性			
		材料研究および力学試験法の進歩 ↓	直交異方性		等方弾性体	E, ν
調査法の進歩 ↓	水平多層			解析手法の進歩 ↓		
	傾斜単一層		応力依存性		直交異方弾性体	
	⋮					E_V, E_H ν_V, ν_H G
					剛完全塑性体	c, ϕ
			ひずみ依存性		⋮	⋮
			⋮			

我々は、何らかの方法で測定されたEとνの値のばらつきを、通常地盤係数のばらつきと呼んでいるが、それは現実の複雑な地盤を半無限均質等方弾性体と仮定したときのばらつきであって、異なった地盤モデルを用いた場合の地盤諸係数のばらつきとは異なることが十分予想される。例えば、半無限均質等方弾性体を多層の等方弾性体とすると、各層に異なったEとνを定める必要があるが、各層内でのEとνのばらつきは、むしろ小さくなることもある。すなわち、地盤諸係数のばらつきは、解析用地盤モデルという断面でみた場合のばらつきであることに十分注意すべきである。

コラム　≪地盤から採取した土の強度・圧密特性の変化≫

地盤から土試料を採取して室内試験を行う過程で、土の強度・圧密特性は複雑な応力変化や乱れによって大きく変化する。地盤内の土要素は、図-1に示すように、鉛直全応力σ_vと水平全応力σ_hのもとで平衡を保っている。Ladd（ラッド）とLambe（ラム）は、正規圧密粘性土地盤からサンプリングチューブで試料採取して、室内試験に至る有効応力変化の概念図を図-2のように想定した。すなわち、図-2において、原位置ではK_0状態にあるA点（理想試料）で平衡を保っているが、削孔による有効土被り圧の減少に伴い鉛直有効応力σ'_vが減少（水平有効応力σ'_hが増大）し、P点（完全試料：拘束圧除去の影響のみを受けた等方応力状態の土試料）に到達する。B→Cの経路はサンプリングチューブの押し込みの過程であり、チューブ内壁の壁摩擦等に起因して、σ'_vが増大（σ'_hが減少）する状態を示している。また、サンプリングチューブから試料を押し出す過程がC→Dであり、応力解放とそれによる含水比変化がD→Eである。トリミングと三軸セルへの供試体のセットがE→F、UU条件で三軸圧縮を行うとき、セル圧のもとで平衡を保った状態がG点であるというものである。固定ピストン式シンウォールサンプラーを用いた注意深いサンプリングでも、A→Gの過程で非排水せん断強度c_uの低下は有機質土で30％[2]、沖積粘土で43％[2]であることが示されている。

桑名粘土に対する一軸圧縮試験UCTの応力とひずみの関係を図-3に示す。S_1は乱れの少ない試料、S_6は練返し試料、S_3～S_5はチューブから採取試料を押し出す際に、チューブ刃先の断面積を小さくして、試料を人工的に乱している。したがって、S_1の断面積比は1.0、S_3は0.9、S_4は0.8、S_5は0.7である。

試料の乱れが大きくなると、応力の最大値である一軸圧縮強さ q_u と初期接線勾配が小さくなり、破壊ひずみは大きくなる。

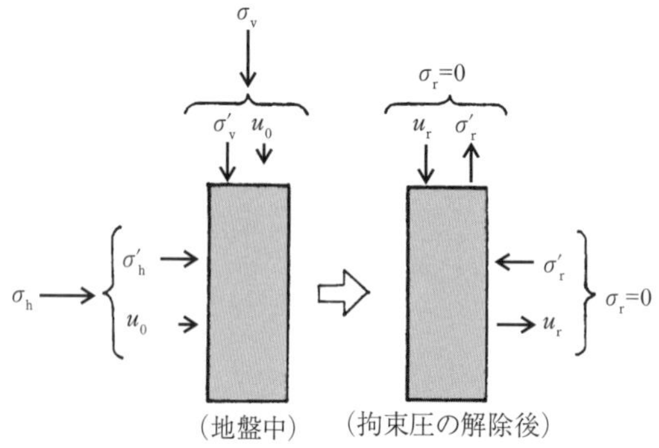

図-1　地盤中および拘束圧解除後の応力状態

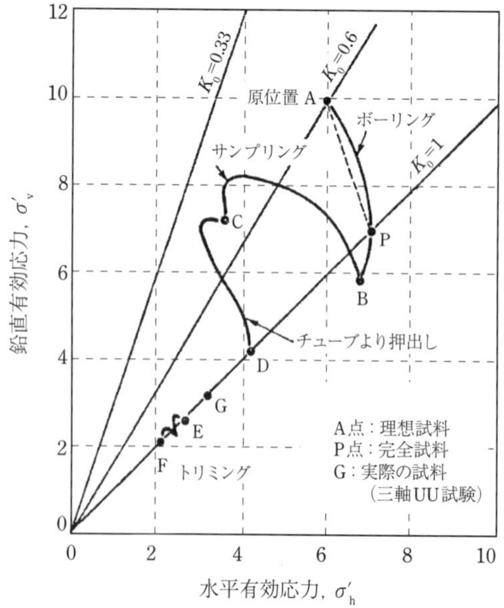

図-2　サンプリングに伴う応力変化の概念図[1)]

図-3 と同じ試料に対する圧密試験結果の間隙比が圧密圧力の対数に対して **図-4** に示される。各供試体の圧密降伏応力 σ'_{p}、圧縮指数 C_{c}、q_{u} の平均値 $\bar{q}_{\mathrm{u}}$ が図中の表に示される。これらの値は試料の乱れで小さくなる。**図-4** には原位置の圧密降伏応力[2)] $\sigma'_{\mathrm{p(I)}}$ の推定値に加え、原位置の e と $\log\sigma'_{\mathrm{v}}$ の関係[2)] も示している。非排水強度と同様に、**図-2** の A → G の過程で原位置の e と $\log\sigma'_{\mathrm{v}}$ の曲線からの変化が大きいことがわかる。

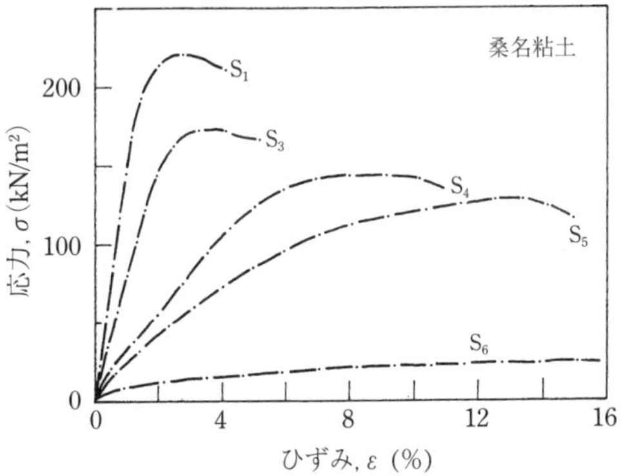

図-3　UCT の応力とひずみの関係（桑名粘土）[2)]

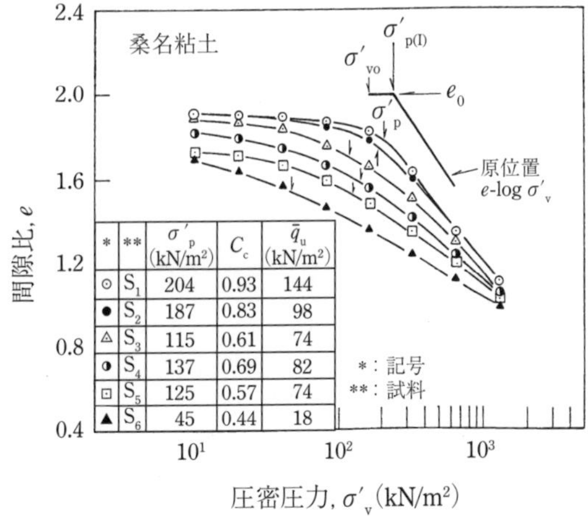

*	**	σ'_{p} (kN/m²)	C_{c}	$\bar{q}_{\mathrm{u}}$ (kN/m²)
⊙	S_1	204	0.93	144
●	S_2	187	0.83	98
△	S_3	115	0.61	74
◑	S_4	137	0.69	82
⊡	S_5	125	0.57	74
▲	S_6	45	0.44	18

図-4　標準圧密試験の間隙比と圧密圧力の関係（桑名粘土）[2)]

図-5 は、茨城粘土に対する K_0 圧密時の K_0 値と有効軸応力 σ'_a の関係に加え、K_0 圧密後の非排水せん断で得た強度増加率 c_u/p を σ'_a に対してプロットしている。σ'_a が $\sigma'_{p(I)}$ 値を超えると K_0 値はほぼ一定値に収束するが、4.1 節のコラム（標準貫入試験とその結果の利用）に示すスプリットバレル内の SPT スリーブで得た試料の K_0 値は、同じ σ'_a 下のチューブサンプリングで得た試料のそれらより小さい。このような挙動は試料の乱れに起因した土粒子の骨格構造の変化に伴う応力変化で説明できる[2)]。σ'_a の小さい領域で c_u/p 値が大きく過圧密的であるが、圧密の進行に伴いこの c_u/p は小さくなる。SPT スリーブ試料の c_u/p 値は σ'_a が $\sigma'_{p(I)}$ 近傍かそれを超える領域において同じ σ'_a 下のチューブ試料のそれと同等である。すなわち、4.1 節のコラム（標準貫入試験とその結果の利用）に示す N 値測定のためのハンマーの打撃やスプリットバレルの貫入に起因する試料の乱れは、$\sigma'_{p(I)}$ 近傍まで K_0 圧密することで除去されている。このことは、SPT スリーブで採取した試料であっても、小型供試体を用いた K_0 圧密非排水圧縮試験 CK_0UC は沖積粘土や高有機質土の適正な三軸強度特性が測定できることを示している。

UCT と CK_0UC のせん断過程から得た主応力差 q と平均有効主応力 p' $\{(=(\sigma'_a+2\sigma'_r)/3)\}$ の関係で表される有効応力経路を図-6 に示す。ここで、σ'_r は有

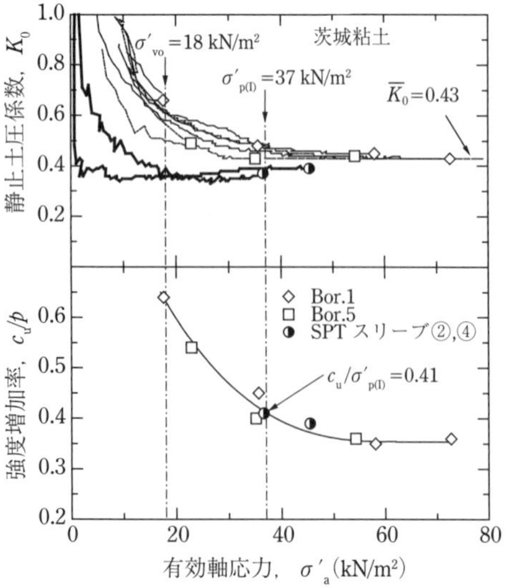

図-5 K_0、c_u/p と有効軸応力の関係（茨城粘土）[2)]

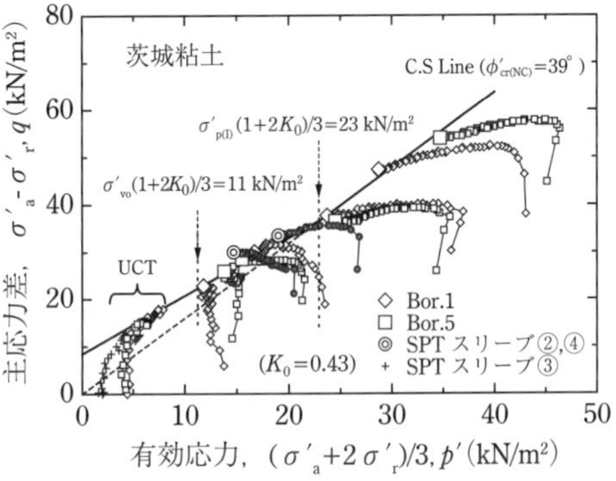

図–6　UCT と CK_0UC 試験の有効応力経路（茨城粘土）[2)]

効側方応力である。過圧密領域（OC）の挙動を示すUCTと圧密圧力の増加に伴い正規圧密（NC）領域の挙動に移行するCK_0UCの有効応力経路を包絡する限界状態線（Critical state line）を、主応力比最大点を用いて最小二乗法で描くと、OCとNC領域の境界近傍は$\sigma'_{p(I)}$の応力レベル近傍にある。このことは、推定した$\sigma'_{p(I)}$の妥当性を示唆するとともに、小型供試体を用いたせん断中のサクションS（あるいは間隙水圧u）測定を伴うUCTは、有効応力挙動をも適正に測定できていることを示している。図–5と図–6にはσ'_{vo}の応力レベルも矢印で示している。CK_0UCであってもσ'_{vo}の圧密圧力では、K_0値、c_u/p値、有効応力経路も過圧密的な挙動であることがわかる。

参考文献

1) Ladd, C.C. and Lambe, F. W.: The strength of "Undisturbed" clay determined from undrained tests, Laboratory shear testing of soils, ASTM, STP, No.361, pp.342-371, 1963.
2) 正垣孝晴：性能設計のための地盤工学、鹿島出版会、pp.1-110、2012.

コラム　≪小指サイズの供試体で強度特性が求まるか？≫

20年ほど前の人気アニメのキャラクターが使う夢の小道具が、GPS機能も有するスマートフォン等として現実のものになっている。自動車、家電製品、コンピューター、電話等は小型・高精度・低廉化が著しい。これらは、電子部品の高精度・超小型化による新技術によって支えられている。一方、我々が対象とする地盤は、1.1 節で述べたように、その生成過程に起因して不均一・複雑であるため、各種の地盤技術はその地域性をも踏襲した方法論の開発を余儀なくされる。また、従来の規格・基準やそれらの結果との整合性を図るため、革新的な地盤調査・試験技術であっても、実務への浸透には多大な時間と労力を費やし、ゆるぎない実績の積み重ねが要求される。

緊縮財政下で地盤構造物設計・災害調査等の透明性や説明責任が問われている。安全で経済的・合理的な建設構造物を構築・維持管理し、災害の挙動や現象を精度良く説明するために、理論と実践の両面から、省力化・低コスト化に直結する高精度の調査・試験技術や評価技術の開発による地盤工学の近代化が喫緊の課題となっている。

このような課題を検討するため、地盤工学会に「地盤調査・試験法の小型・高精度化に関する研究委員会」が 2002 年から設置され、4 年間の会期で精力的な活動[1]が行われた。

図-1 は、内径 75mm の固定ピストンサンプラー（JGS 1221）を用いて得た試料片（直径 *d*75mm、高さ *h*100mm）から成形した O（*d*35mm、*h*80mm）と S（*d*15mm、*h*35mm）供試体の位置を示す。試料採取とチューブからの試料の押し出しの過程で、チューブ壁面の摩擦に起因する試料の乱れがこれらの供試体位置に及ばないことは、*d*75mm の試料断面から 10 個の S 供試体を作成し、それらに対する一軸圧縮試験の応力とひずみの関係に有意差がない[2]ことで確認している。また、これらの供試体にチューブ壁面の摩擦に起因する試料の乱れがないことは、超深度顕微境と走査型電子顕微鏡を用いた粘土の微視的構造の観察[2]からも確認している。

英国 Bothkennar 粘土に対し、供試体内のサクション S_0 測定後に行ったせん

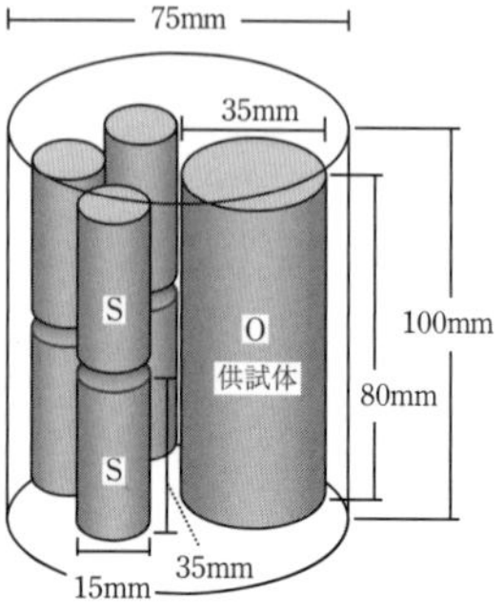

図-1　75mm 径試料から O と S 供試体の作成[2]

断下の応力 σ・間隙水圧 u と軸ひずみ ε の関係を図-2 に示す。図中の表は各プロットに対応した供試体の含水比 w_n、一軸圧縮強さ q_u、変形係数 E_{50}、破壊ひずみ ε_f の測定値である。せん断下の S_0 が正圧に転じることがあるため、これらの図では S_0 を u と表している。各試料の σ と ε の関係を見ると、供試体寸法に関係なくほぼ同等であるが、u の挙動には大きな差がある。すなわち、O 供試体の u が最大となる ε は S 供試体のそれと同様に ε_f の 0.5 ～ 1％程度手前であるが、u の変化量が S 供試体のそれらより大きく、負圧から正圧に転じている。JIS A 1216 に従う一軸圧縮試験であるので、せん断中の両供試体のひずみ速度は 1％ /min である。この u の挙動の違いは、供試体のせん断帯近傍の u と供試体底部の間隙水圧計で測定される u との差が、u の伝達の時間遅れ（migration）の差に起因して大きいのが理由である [2)]。すなわち、O 供試体は、せん断中の u を測定するには大きいことを図-2 は示している。

図-3 と図-4 に、O 供試体の一軸圧縮強さ $q_{u(O)}$ に対する S 供試体のそれらの平均値 $\bar{q}_{u(S)}$ の比 Rq_u を、それぞれ塑性指数 I_p と q_u に対してプロットしている。図中のプロットは、それぞれ沖積粘土・洪積粘土・珪藻泥岩、有機質土、火山灰質粘性土、英国と韓国の粘土で分類している。国外や大阪 Ma12、岩井の粘土を含む沖積粘土・洪積粘土・珪藻泥岩の Rq_u の平均値は 1.02 であり 0.91 ～ 1.50 の範囲でばらついているが、Rq_u は I_p（＝10 ～ 370）や q_u（＝15～1,070 kPa）に依存していないと判断される。またこれらは、試料の採取地、沖積・洪積粘

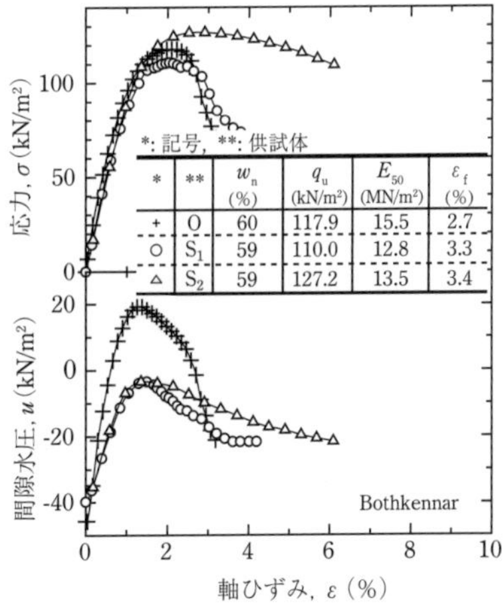

*	**	w_n (%)	q_u (kN/m²)	E_{50} (MN/m²)	ε_f (%)
+	O	60	117.9	15.5	2.7
○	S_1	59	110.0	12.8	3.3
△	S_2	59	127.2	13.5	3.4

図-2　σ・u と ε の関係 [2)]

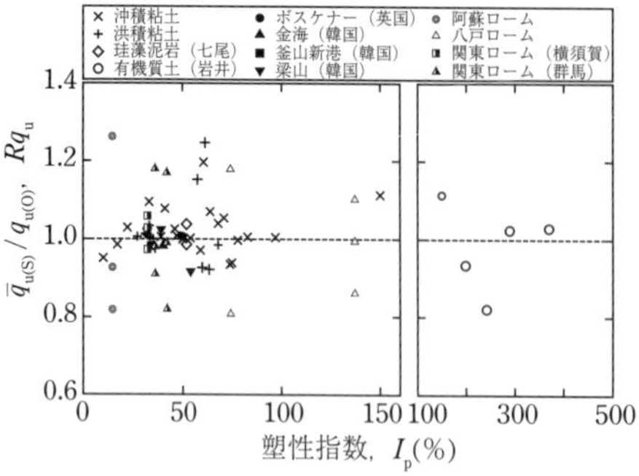

図-3　Rq_u と I_p の関係[2)]

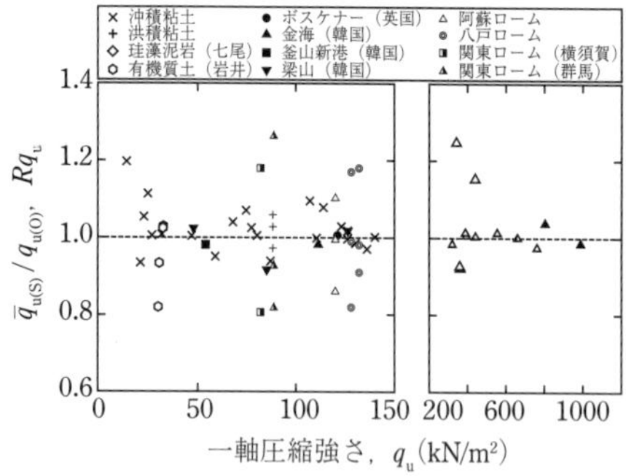

図-4　Rq_u と q_u の関係[2)]

性土、有機質土、火山灰質粘性土、珪藻泥岩の違いにも依存していない。

d75mm と h50mm の試料片から円の直径と正方形の一辺ともに、15mm の供試体を図-5 に示すように作成した。そして、横浜粘土に対し d15mm の S 供試体の h/d を 0.55 から 3.0 の範囲で変化させて強度・変形特性を検討した。図-6 にその σ と ε の関係を示す。図-6 において、h/d = (2.55 ～ 3.0) の範囲を持つ供試体の σ と ε 曲線の初期勾配に差はない。他の供試体において、この初期勾配は、h/d 値の減少によって小さくなる。しかし、これらの q_u 値は h/d に依存しない。

図-7 に q_u と h/d の関係を示す。沖積と洪積粘土の例として、横浜と名古屋粘土の結果に加え、O 供試体を用いた三笠による沖積粘土に対する結果[3)] を併せてプロットしている。同様に珪藻泥岩、チョークの結果も検討している

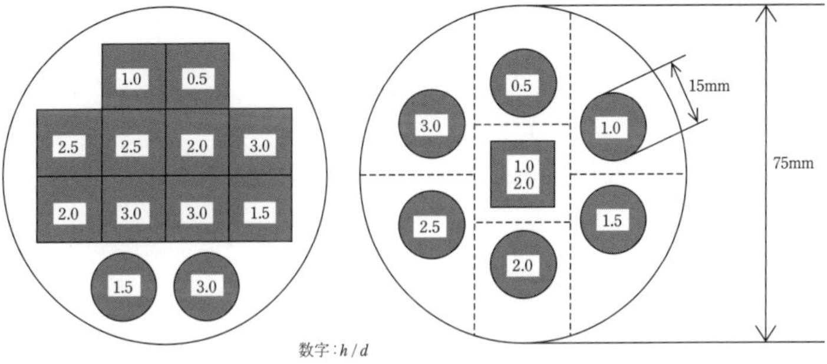

(a) 正方形断面を主体とした場合　(b) 円形断面を主体とした場合

図-5　供試体位置平面図[2)]

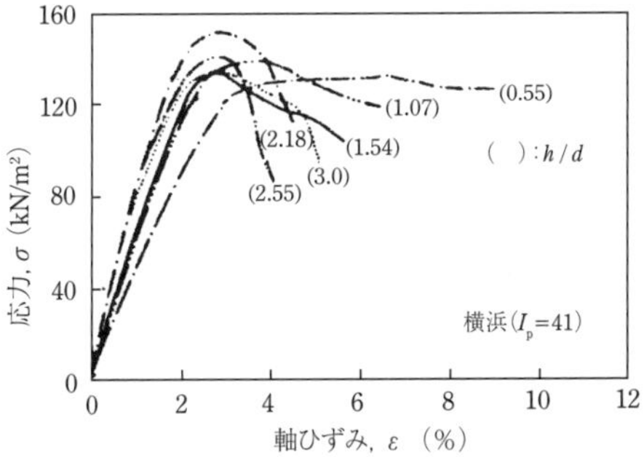

図-6　応力とひずみの関係（寸法の影響、円形断面）[2)]

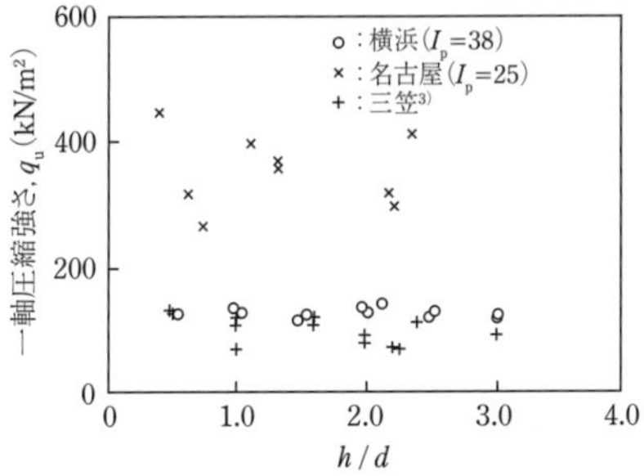

図-7　q_u と h/d の関係[2)]

が、これらすべての試料の q_u 値は、h/d に依存しない[2] ことも確認している。このような地盤材料の供試体寸法の範囲では、岩石[4] やひび割れ粘土[5] でよく知られる強度に関する供試体の寸法効果はない。

$\sigma \sim \varepsilon$ 曲線に及ぼす供試体の形状効果を検討するため、h/d が 1 と 3 に対する円形と正方形断面の供試体に対する一軸圧縮試験結果を**図-8** に示す。正方形断面の供試体の場合、$\sigma \sim \varepsilon$ の初期勾配は、円形断面の供試体のそれより小さくなり、ε_f は大きくなる。

円形断面の供試体による q_u の平均値に対する正方形断面の供試体のそれの比が**図-9** に円形断面の供試体の h/d に対してプロットされる。これらの平均値 $\bar{q}_u$ の比は 0.9 ～ 1.12 の範囲内であり、h/d の値に対して近似値的に 1.0 である。このことは、工学的観点から h/d の広い範囲に対して円形断面の供試体のせん断強度と正方形断面の供試体のそれに差がないことを示している。

縦横 15mm、h30mm 程度（多くの場合、一辺 15mm）の正方形断面の供試体が d35mm、h80mm の標準寸法の供試体と同じ $\sigma \sim \varepsilon$ 曲線を与えることは、携帯型一軸圧縮試験装置[6] を用いた現地実験を可能とする。正方形断面の供試体が試験に用いられると、ガイドプレートとワイヤーソーのみで供試体を作ることができる。さらに一軸圧縮試験がサンプリング後現地で直ちに行われると、運搬から試験室の貯蔵の過程を通した試料の乱れが除去できる。

d15mm 程度であれば、その径に応じたトリマーとマイターボックスを準備することで、標準寸法の供試体と同じトリミング法で成形できる。また、S 供試体は、内径 75mm と 45mm のサンプラーで採取した d75mm、h50mm と d45mm、h50mm の試料片から、それぞれ 10 個と 4 個の供試体が作成できる。すなわち、これらの試料片から一軸圧縮試験と高精度小型三軸試験機を用いた三軸圧縮・伸張試験が同時に行える[2]。

小型供試体を用いたこれらの試験法は、室内での実施を含め特に次のような問題に有効である。

① 設計対象が短期安定問題を主とする場合。

② 被災地での地盤災害の原因究明や対応策の調査。

③ 試験室への試料の搬入が困難な遠地（被災地）や洋上での調査。

④ 地盤状態を含む設計条件の変化を考慮して、常に設計の最適化を目指す動学的信頼性設計。

⑤ 物性値の変動が大きい改良地盤のように多くの試験が必要な場合。

⑥ 採取試料が少ない場合。

⑦ 自然地盤の非排水強度異方性を測定する場合。

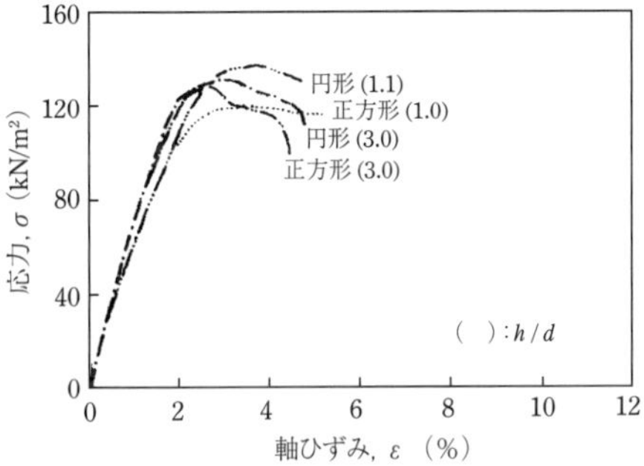

図-8　応力とひずみの関係（形状の影響）[2)]

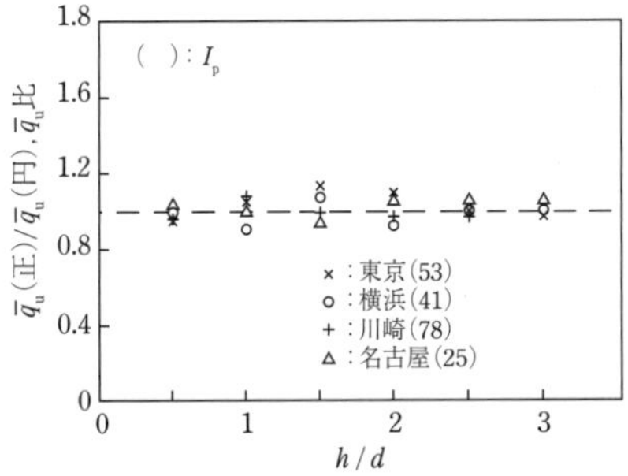

図-9　$\bar{q}_u$ 比と h/d の関係（形状の影響）[2)]

これらの小型・高精度化技術の工学的な利点は文献 2) に詳しいが、以下の 3 点に要約できる。すなわち、①地盤調査・試験法の省力化・低コスト化に直結する。②安全で経済的・合理的な建設構造物の構築・維持管理や災害調査とその高度化に寄与する。③地盤工学の精緻化・近代化に結びつく。

参考文献

1)　地盤工学会：地盤調査・試験法の小型・高精度化と設計への適用、土と基礎、Vol.54、No.8、pp.1-33、2006.
2)　正垣孝晴：性能設計のための地盤工学、鹿島出版会、pp.25-165 、2012.
3)　三笠正人：土質試験法（第 2 回改訂版）、土質工学会編、pp. 6-3-13、1979.
4)　吉中龍之進：岩石質地盤の強度に関する寸法効果、施工技術、Vol.9、pp.58-60、1976.

5) Lo, K. Y.: The operational strength of fissured clays, Geotechnique, Vol.20, pp.57-74, 1970.
6) Shogaki, T. : Effect of specimen size on unconfined compressive strength properties of natural deposits, *Soils and Foundations*, Vol.47, No.1, pp.158-167, 2007.

コラム　≪ 3cm 径の供試体で圧密特性が求まるか？≫

コラム（小指サイズの供試体で強度特性が求まるか？）に続き、圧密特性に関しても供試体寸法の影響を示す。被災地で採取した土塊や試料採取が困難な洪積粘土等からも適正な圧密試験を行う必要があるからである。

図-1 は、内径 75mm のサンプラーから得た直径 *d*75mm、高さ *h*50mm の試料片から作成する *d*60mm、*h*20mm（*d*60 供試体）の供試体と *d*30mm、*h*10mm（*d*30 供試体）の 3 供試体位置を示している。

図-2 は、標準圧密試験結果の一例として河北潟粘土の間隙比 e と圧密圧力 σ'_v の対数の関係を、*d*30 と *d*60 供試体についてまとめている。不撹乱土に加え、これと同じ含水比 w_n 下の練返し土の載荷・除荷過程は、不撹乱と練返し土の中で、供試体寸法（寸法効果）に関係なく同じ挙動を示している。

図-3 と図-4 は、圧密係数 c_v と体積圧縮係数 m_v を平均圧密圧力 $\bar{\sigma}'_v$ に対してプロットしている。両供試体の e と $\log\sigma'_v$ の曲線がよく一致している（図-2）ことを反映して、図-4 に示すように、特に正規圧密領域の *d*30 と *d*60 供試体の m_v は同等である。c_v は、供試体寸法によって異なっているように見えるが、これらの値の差は供試体の初期間隙比 e_0 や試験誤差、90％圧密の時間 t_{90} の読み取り誤差等に起因したものと考えている。

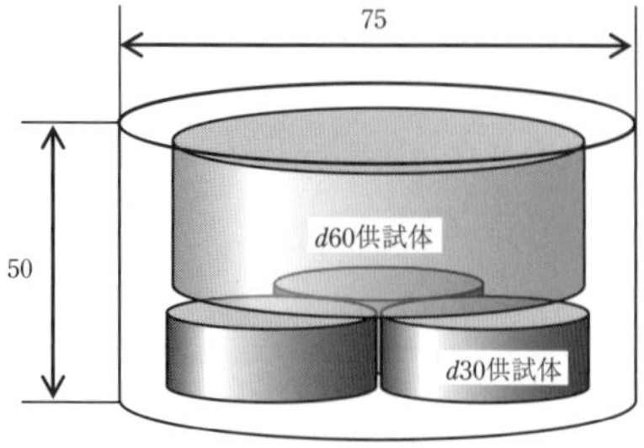

（単位：mm）

図 -1　供試体位置 [1)]

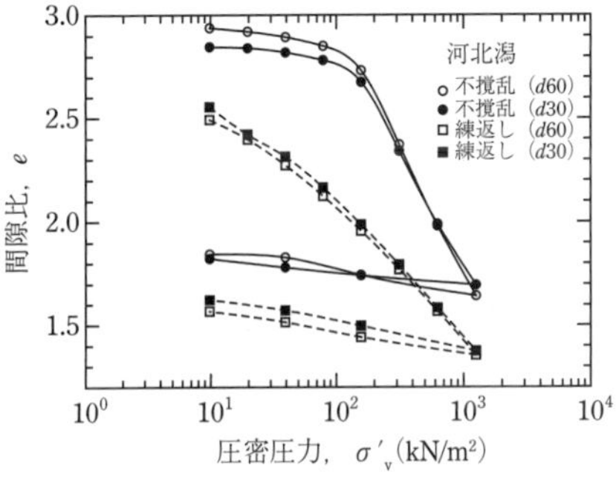

図-2　e と σ'_v の関係（河北潟）[1)]

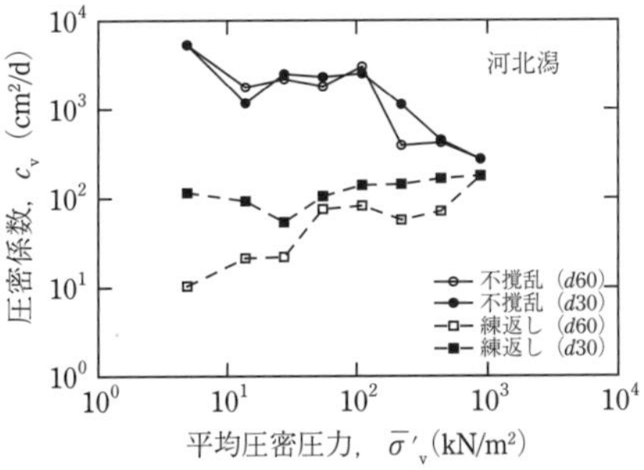

図-3　c_v と $\bar{\sigma}'_v$ の関係（河北潟）[1)]

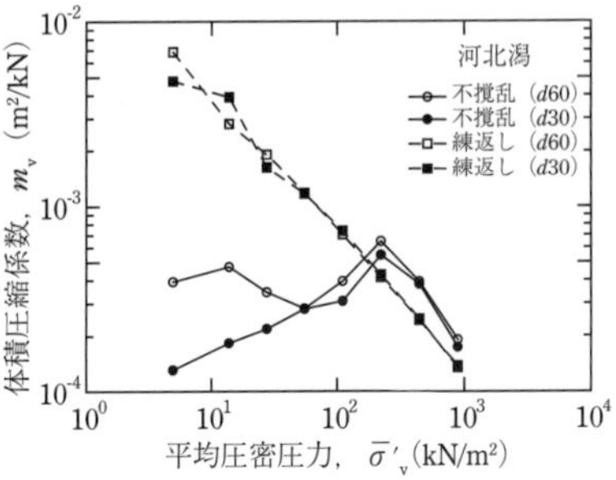

図-4　m_v と $\bar{\sigma}'_v$ の関係（河北潟）[1)]

図-5と図-6は、w_n = 36 ～ 321%、塑性指数I_p = 15 ～ 150、一軸圧縮強さq_u = 25 ～ 670kN/m^{2}の範囲の不撹乱土に対し、d60供試体から得た圧密降伏応力σ'_pと圧縮指数C_cに対するd30供試体のそれらの比$R\sigma'_p$、RC_cをI_pに対してプロットしている。$R\sigma'_p$とRC_cは、I_pに依存することなくほぼ1であり、すべての試料に対する平均値は、それぞれ0.95と0.99である。また、これらの比はq_uに対しても依存しないことを確認している[1)]。

図-5と図-6の結果を俯瞰するとq_u = 25 ～ 670kPa、I_p = 15 ～ 150の自然堆積土の不撹乱土に対して、e-logσ'_v曲線と圧密係数[1)]に関係した特性は、d30とd60の供試体寸法に依存しないことがわかる。

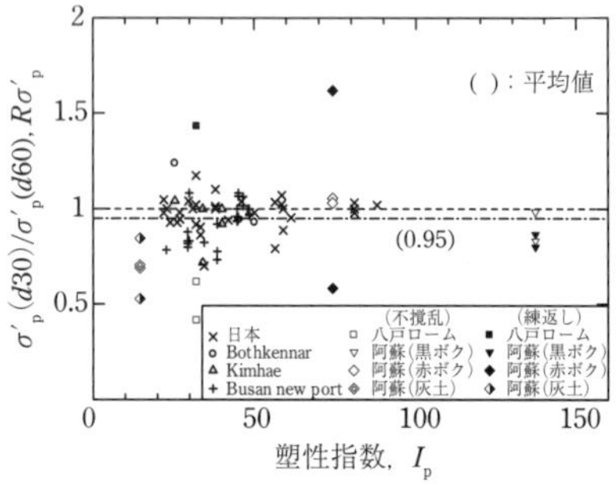

図-5　$R\sigma'_p$とI_pの関係[1)]

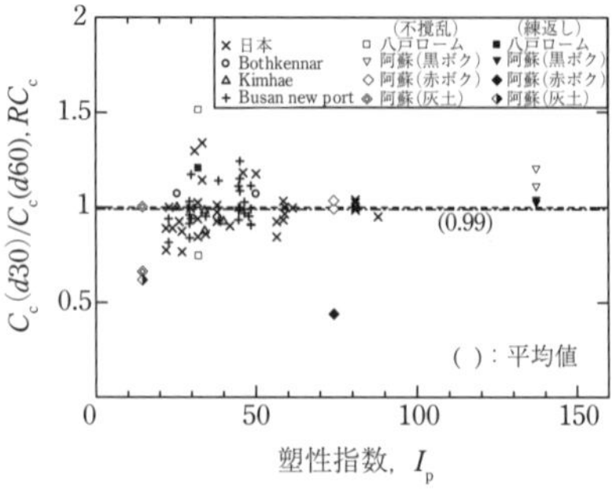

図-6　RC_cとI_pの関係[1)]

参考文献

1)　正垣孝晴：性能設計のための地盤工学、鹿島出版会、pp.40-54、2012.

1.4 地盤リスクの対象と原因

地盤リスクとは、「目的に対する“地盤に関連する”不確かさの影響」[7]と定義されている。したがって、地質事象の認識における不確実性（地質リスクと呼ばれることがある）[8]も、この地盤リスクの中に含まれる。地盤に関するリスクの対象とリスクの原因を**表 1.2** にまとめた。地盤リスクの対象としては、①地盤の性状と設計値決定の際の不確定性、②設計・施工・維持管理、③自然災害、④地盤環境の四つに分類して、それぞれに含まれるリスクの原因を示している。地盤リスクの対象として、②、③、④に含まれるリスクの原因に関係して地盤リスクを扱う際は、②のリスクの原因である社会・経済情勢の変化を含めて、①に示すリスクの原因に関係することになる。社会・経済情勢の変化は、地域・国際紛争や金融危機等に起因する調査・設計・施工・維持管理の中止や継続を左右する要素であることから、地盤リスクの原因となる。したがって、すべての地盤リスクの対象に関係する①のリスクの原因に対して、その概要を述べる。

表 1.2　地盤リスクの対象と原因[1]

地盤リスクの対象	リスクの原因
地盤の性状と設計値決定の際の不確定性	地盤本来の不均一性, 地盤評価の不確実性, 調査·試験法の不確実性, 測定値から設計値を決定する際の不確実性, データ数に依存する不確実性
設計·施工·維持管理	計算式の精度, 調査·設計·施工法の調和, 施工精度, 施工中の防災措置, 周辺環境, 構造物の劣化, 社会·経済情勢の変化
自然災害	降雨, 地震, 火山噴火, 津波, 高潮, 高波, 土砂災害, 急傾斜地, 深層崩壊, 海岸·堤防浸食, 洪水, 台風, 竜巻, 都市災害
地盤環境	地下水, 土壌汚染, 温暖化, 地盤沈下

（1）地盤の性状と設計値決定の際の不確定性とリスクの原因

地盤の性状と設計値決定の際の不確定性が対象となるリスクの主な

原因としては、**表 1.2** に示すように、地盤本来の不均質性、地盤評価の不確実性、調査・試験法の不確実性、測定値から設計値を決定する際の不確実性、データ数に依存する不確実性がある。各種構造物の設計・施工・災害等で対象とする地盤は、その生成過程に起因した地盤本来の不均質性を有し、力学的挙動も複雑である。技術者はこのような複雑な地盤を対象にして、各種構造物の構築・維持管理、災害調査やその対策を講じている。そこでは、自然の地盤を忠実に捉えるのではなく、現行の調査手法、力学的試験方法、解析手法を勘案して地盤の単純化、理想化を通して設計・施工、災害調査やその対策を講じるために用いる地盤諸係数を決定することを先に述べた。そして、これらは地盤評価の不確実性として認識しなければならない。

地盤調査・試験を実施し、設計値を得るまでの過程には、測定値を変動させる多くの誤差要因[6)]が存在している。この誤差要因は、そのまま地盤リスクの要因として設計・施工・維持管理、災害調査や対策等のリスクマネジメント[9)]の結果を支配する。この誤差要因には地盤の不均質性に加え、調査方法や試料採取に伴う応力解放等の不可避の問題と技術者の熟練度や意識の違い等のヒューマンファクターに関わる問題がある。応力解放等に関しては、測定値は地盤内の真値からある一定の乖離を生む側面を持ち、この点から多くの研究成果もある。しかし、熟練度や意識の違いは、測定値や設計結果に与える影響は極めて大きい[2), 3), 10), 11)]が、我が国の制度上の複雑な問題とも絡み合って、統一的で説得力のある方法論の確立を困難にしている。

（2）地盤諸係数を求めるプロセスと誤差要因

地盤リスクを低減して合理的な設計・施工・維持管理、災害調査や対策の結果を得るには、地盤本来の物性値を的確に把握することが必須である。しかし、これらすべての誤差要因を定量化し、設計値の決定に反映できる段階には達していないのが現状である。

図 1.1 で述べた地質学的サイクルの変遷の中で複雑な地盤材料の性状を考察し、構造物を設計したり、災害調査や対策を行う場合には、

現行の調査方法・力学的試験方法・解析手法を勘案し、地盤の単純化、理想化を通して、設計や施工に用いる地盤の解析および力学特性のモデル化を行うことになる。**図 1.11** は、設計用地盤モデルの各層に与える地盤諸係数を求めるプロセスを、原位置調査と室内試験に分けて示している。各過程で発生する可能性の高い誤差要因は、以下の番号と対応している。

① 計画者の判断の相違：設計用地盤モデルを作成する際の地層区分、成層区分の単純化や対象地盤の調査位置選定に伴う判断等が、これに含まれる。この種の誤差が設計・施工・維持管理、地盤災害の現象把握等の結果に与える影響は極めて大きいが、定量的評価は困難である。

② 力学的状態量の変化：物理探査などの非破壊調査以外の原位置試験、室内試験では、対象とする材料の力学特性を測定するために、何らかの形で原位置の力学的状態に変化を与える。試験機器の地盤への貫入、ボーリング孔の削孔、試料の原位置からの採取などにより、試験される供試体は原位置と異なった力学状態に

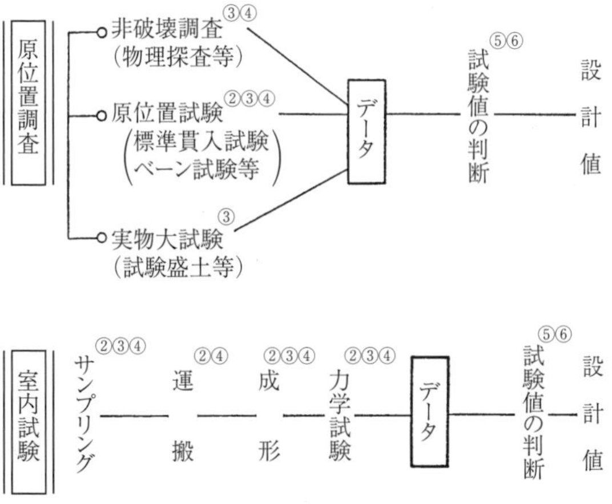

図 1.11　地盤諸係数を求めるプロセスと誤差要因[6)]

変化する。したがって、測定値は一般に地盤内の真値とは異なっていると考えられる。このような要因は、一定の条件下で与えた力学的変化に対して、真値からある一定の乖離を生む側面を持っている。したがって、測定値から原位置状態での供試体の挙動に補正できる可能性がある。このような補正法とその適用性は、文献1)に詳しい。

③ 調査・試験法の不確実性：同じ物性を持つ供試体を異なった力学条件・境界条件のもとで試験することに起因した不確実性であり、試験結果の相違は、供試体自体の性質の変動と区別しなければならない。例えば、一軸圧縮試験と三軸圧縮試験の差、使用頻度の異なる試験機を用いた場合、ひずみ速度等がその例として挙げられる。標準貫入試験（4.1節のコラム参照）によるN値測定時のハンマーの落下法の差もその例に含まれる。

④ 調査・試験・施工・維持管理に伴う人為的誤差：同一の調査地点あるいは供試体を用い、同一の装置、項目に対する試験を行っても測定値がばらつくことがある。それは地盤調査・試験実施者が、測定値を得るまでに含まれるプロセスの重要度の認識や試験を実施する技術力、試験結果の判断力などに差があるためである。また、災害調査や施工・維持管理段階においても人為的誤差は介在する。これらの要因の定量化は難しいが、人為的誤差を小さくするためには地盤調査・試験工程・施工・維持管理法の基準化、試験装置・施工機械の自動化、試験・施工・維持管理者の技術水準の向上と維持が必要となる。

⑤ 測定値から設計値を決定する際に生ずる不確実性：測定値そのものが地盤諸係数とはならず、測定値から設定値を求める作業が必要となる場合は試験値の判断誤差に起因した不確実性が介在する。例えば、圧密試験の間隙比と荷重の曲線から圧密降伏応力を求める場合や圧密圧力を変えた一連の三軸試験から粘着力と内部摩擦角を求める場合等である。

⑥　データ数に依存する不確実性：地盤調査では、平面および深度方向に広がりを持つ設計・災害調査や対策の対象領域の地盤の性質を、限られたデータ数で推定する必要がある。統計処理を行う上で十分な数の結果が得られることは少なく、ここには推定誤差に起因した不確実性が発生する。この不確実性は、統計的手法の中で取り扱われるものであるが、データ数が増すと破壊確率や不確実性が低下し、総費用最小化基準等を用いることで、最適設計[3]を行うことができる。

設計値を求める過程や**表1.2**に示した地盤リスクの対象には、このように種々な要因が地盤リスクの原因として内在している。こうした中で地盤が本来的に持つばらつきや平均値を抽出するには、技術者が関与することによって、発生する誤差要因やその実態を知り、それらを定量化することが必要である。測定値のこのような処理を一次処理[6]として、確率・統計的な扱いである二次処理と区別している。⑥を除く要因は、一次処理の枠内で取り扱われる性質のものである。

地盤データのばらつきの原因とその実態や調査・試験・設計・施工・維持管理・災害調査の中で使われる一次処理の範疇に含まれる性能照査の具体的な方法とその適用性は、文献1)に詳述されている。

コラム　≪地盤調査の精度と設計結果への影響≫

地盤調査・試験法の精度が設計法の枠組みの中で具体的に検討され始めたのは、1977年から始まった土質工学会における「土質工学における確率・統計の応用に関する研究委員会（松尾稔委員長）」の活動である。信頼性設計を実務に定着させるには、地盤データの確率・統計的性質に調査法や個人差が介在しないことが前提になる。設計上の不確実性が大きく、地盤諸係数の推定精度が低い場合は、統計処理や確率論的な扱いが意味を持たないことがある。また、地盤諸係数のばらつきの原因や発生プロセスを無視して不確実性の評価を行うと、不合理な設計になることもある。調査法や個人差によって設計パラメータの平均値や標準偏差が移動すると、計算される破壊確率や最適解が大きく異なるからである。このような状況下では地盤構造物の性能設計や信頼性設計の有効性・説得力は大きくない。

図−1 は、自由と固定ピストンサンプラーで得た試料に対する一軸圧縮試験UCT結果である。両サンプラーから得た試料の自然含水比 w_n、湿潤密度 ρ_t は同等であるが、深さ $z = -(26 \sim 30)$m の一部を除き、自由ピストンの q_u と変形係数 E_{50} が小さく、これらの試料の乱れが大きいことがわかる。図中の直線は最小自乗法による回帰線であり、実線が固定、破線が自由ピストンサンプラーによる q_u と z の関係である。**図−2** は、これらの q_u と z の関係を用いて、当該地で計画されたケーソン式護岸の設計結果である。設計安全率1.25を満

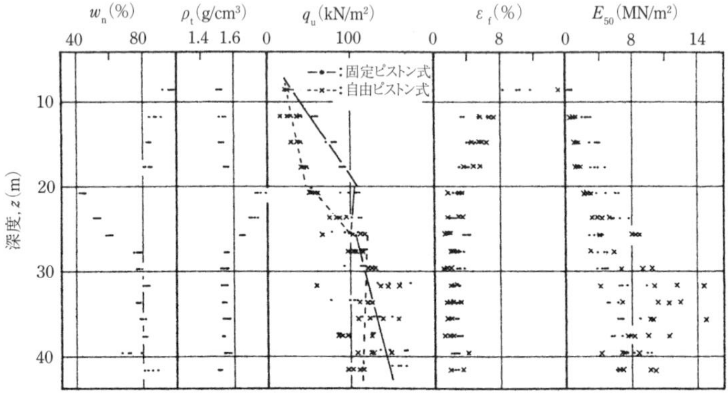

図−1　固定と自由ピストンサンプラーによる強度特性[1)]

（　）：押え盛土部の砂の増加を考慮した場合

	c_0(kN/m²) -8mを基準			k(kN/m²)			安全率	置　換断面積(m²)	概算工費(億円／m)
	−8m〜−20m	−20m〜−26m	−26m〜−40m	−8m〜−20m	−20m〜−26m	−26m〜−40m			
固定ピストン式	13.33	56.50	30.30	3.44	−0.40	1.24	1.257	202.8	1.06
自由ピストン式	10.98	−26.00	63.00	1.06	4.35	−0.14	1.256	834.0 (921.0)	4.34 (4.79)

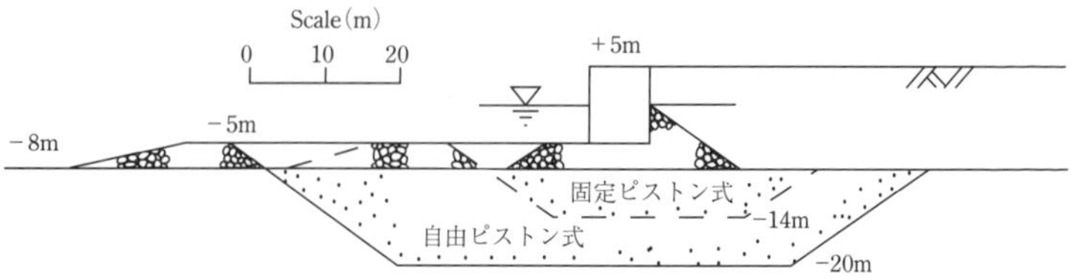

図−2　**図−1** の強度を用いた設計結果[1)]

足する自由ピストンの床掘り置換断面積は固定の約4倍であり、押え盛土部の砂の増加を考慮した概算工費は、3.7億円/100mを過大に見積もることになる。

自由ピストンサンプラーを用いたことは、技術者の意識力の問題であるが、このような個人差による強度差が設計結果に与える影響は、他の要因に比べても、ことのほか大きい場合があることを具体例で示した。地盤調査の多くが公共性の高い構造物をその設計対象として実施されることを考慮すると、個人差のない試験値を得る方法論の開発や一次処理方法の体系化は急務である。地盤調査・試験法の精度、設計・維持管理・災害調査への影響や各種一次処理法は、文献2)に詳しい。

参考文献

1) 松尾稔・正垣孝晴：q_u値に影響する数種の攪乱要因の分析、土質工学会論文報告集、Vol.24, No.3、pp.139-150、1984.
2) 正垣孝晴：性能設計のための地盤工学、鹿島出版会、pp.1-10、2012.

参考文献

1) 正垣孝晴：性能設計のための地盤工学、鹿島出版会、2012.
2) 正垣孝晴・高橋章・熊谷尚久：既設アースダム堤体の耐震性能評価法—レベル1地震動を想定して—、地盤工学会誌、Vol.56, No.2、pp.24-26、2008.
3) Shogaki, T. and Kumagai, N.：A slope stability analysis considering undrained strength anisotropy of natural clay deposits, Soils and Foundations, Vol.48, No.6, pp.805-819, 2008.
4) Ladd, C.C., Foott, R., Ishihara, K., Schlossen, F. and Poulos, H.G.：Stress-deformation and strength characteristics, Proc. of the 9th ICSMFE, Vol.2, pp.421-494, 1979.
5) Vesic, A.S. and Clongh, G.W.：Behaviour of granular materials under high stresses, Proc. ASCE, 94. SM3, pp.661-688, 1968.
6) 正垣孝晴・日下部治：地盤データのばらつきの原因と一次処理、土と基礎、Vol.35, No.1、pp.73-81、1987.
7) 大日向尚巳・正垣孝晴・伊藤和也・稲垣秀輝：地盤工学におけるリスクマネジメント、2. リスクとリスクマネジメント、地盤工学会誌、Vol.59, No.7、pp.100-107、2011.
8) 産業技術総合研究所：地質調査総合センター第10回シンポジウム、地質リスクとリスクマネジメント—地質事象の認識における不確実性とその対策—、地質調査総合センター研究資料集、No.472、2008.

9) 中山健二・笹倉剛・正垣孝晴・大里重人・西田博文：地盤工学におけるリスクマネジメント、3. 地盤工学と地盤リスク対応、地盤工学会誌、Vol.59, No.8、pp.96-103、2011.

10) 松尾稔・正垣孝晴：q_u 値に影響する数種のかく乱要因の分析、土質工学会論文報告集、Vol.24, No.3、pp.139-150、1984.

11) 松尾稔・正垣孝晴：一面せん断試験による強度の推定誤差が送電用鉄塔基礎の信頼性設計結果に与える影響、土と基礎、Vol.36, No.12、pp.43-47、1988.

2．工事に伴う地盤災害のメカニズムと対策

工事に伴う地盤災害として、本章では飽和粘性土地盤上の盛土と掘削問題を採り上げ、破壊のメカニズムと対策について述べる。いずれも地震や降雨時等と異なる常時の工事等における地盤災害として代表的な事例であるのが理由である。掘削問題に関しては、矢板や支保工を伴わない鉛直掘削時の地盤の安定とヒービング、クイックサンド、ボイリング、パイピングの問題を採り上げる。工事中の事故として、これらの惨状が今日でもテレビや新聞等のマスメディアで報道されている。

一方、斜面の破壊は、図 2.1 に示すように、地盤や地形、地質、地質構造、地下水に起因した素因と、誘因として、①土木工事に伴う盛土、切土、ダムの湛水のような人的な行為と、②破壊の契機となる降雨、融雪、地震、火山、風のような自然現象に分類できる。もちろん自然現象と人的な行為による誘因が複合した斜面破壊も、山地等の開発の進展に応じて今日増えている。本書では、誘因としての人的な行為による地盤災害を第 2 章、降雨・降雪を第 3 章、地震・火山を第 4 章で扱うことにする。

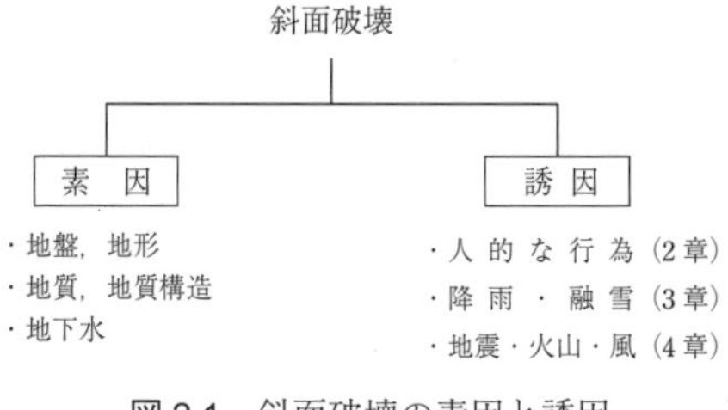

図 2.1　斜面破壊の素因と誘因

2.1　盛土による地盤の破壊メカニズムと対策

著者は文献 1) から、飽和粘性土地盤上の盛土の短期安定や掘削問題の考え方の基本を学んだ。これらの破壊メカニズムと対策の説明に、文献 1) にも示されている概念図を参考にしながら説明を加える。

地盤中の土要素は、図 2.2 に示すように z を地表面からの深さとすれば、鉛直下向きの圧力（土被り圧）$\sigma_v(=\rho_t z)$ と水平方向の圧力 $\sigma_h(=K_0\ \sigma_v)$ を受けている。ここに、K_0 は静止土圧係数と呼び、塑性指数 I_p との間に図 2.3 の関係が知られている。なお、表 2.1 は図 2.3 の記号凡例である。ρ_t は土の湿潤密度であり、粘土では 16kN/m^3 程度である。ρ_t は水中では浮力が働くので水中単位体積重量（質量×重力加速度 $g_n(=9.80655\text{m/s}^2=\rho_t\cdot g_n)$）$\gamma'_t$ は（$\gamma'_{sat}-\gamma_w$）となる。例えば、z が 10m であれば、σ_v は 10m×16kN/m^3=160kN/m^2、有効土被り圧 σ'_v は 60(=160−100)kN/m^2 となる。K_0 を 0.5 と仮定すると、σ_h は 80kN/m^2、σ'_h は 30kN/m^2 である。応力の最大値を最大主応力 σ_1、最小値を最小主応力 σ_3 とすると、図 2.2 の場合 $\sigma_1=\sigma_v$ と $\sigma_3=\sigma_h$ である。

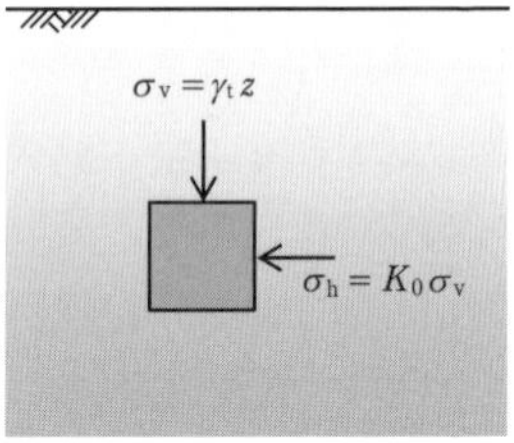

正規圧密土：K_{01}

図 2.2　土被り圧と水平方向の圧力（土要素）

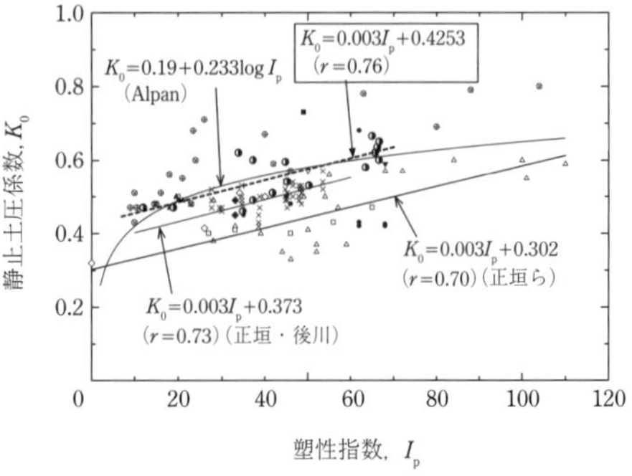

図 2.3　K_0 と I_p の関係 [2)]

表 2.1　図 2.3 の凡例

記号	供試土	実験者
◑	Pisa	正垣ら
×	Busan new port	正垣ら
⊗	U.S.A 他（不撹乱）	Ladd ら
⊕	U.S.A 他（練返し）	
□	日本	土田
△	日本	正垣・後川
▽	Bothkennar	
◇	Kimhae	
●	日本	澁谷ら
▲	Drammen	
■	Louiseville	
▼	Bothkennar	
◆	Busan	

図 2.4 は、飽和粘性土地盤上に、乱れがないように理想的かつ瞬間的に盛土を載荷した際の地盤変形の概念図を示している。盛土の形状や大きさによって、盛土下の地盤の各位置が受ける応力の値やその方向が異なるが、それらに対応して変形の大きさや方向も異なる。盛土が瞬間的に載荷された場合を考える。粘性土の透水係数が、例えば 10^{-8}cm/s 程度と小さい場合、一般に飽和粘性土地盤からの瞬間的な排水はないと仮定される。盛土中央直下の A 点の土要素の σ_1 は、σ_3 より大きく、盛土法尻部近傍の B 点の要素の応力状態は、逆に $\sigma_3 > \sigma_1$ の関係になる。すなわち、A では土要素が鉛直方向に縮むように変形（圧縮）し、B では伸び上がる方向に変形（伸張）することになる。砂の ρ_t は 18kN/m^3 程度であるので、3m の砂の盛土であれば、盛土中央下の地盤には $\sigma_1 = 54$kN/m^2 の荷重が作用することになる。

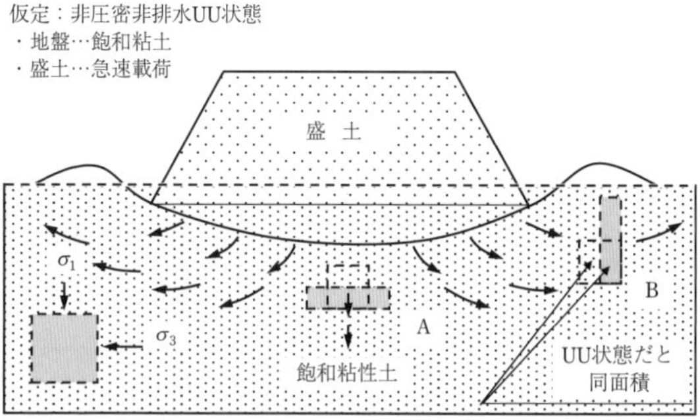

図 2.4　盛土による飽和粘性土地盤の変形

図 2.5 は、**図 2.4** に示す A と B 点の σ_1 と σ_3 の関係である。**図 2.4** に示した A 点と B 点の土要素は、盛土荷重の増加によって、盛土する前の地盤内の σ_1 と σ_3 の I 点から、それぞれ A と B の矢印の方向に向かうことになる。すなわち、A 点では σ_1 が σ_3 より大きくなるので、I 点から $\sigma_1 = \sigma_3$ の勾配より上位に、そして B 点では下位に位置しながら応力のベクトルは進行する。

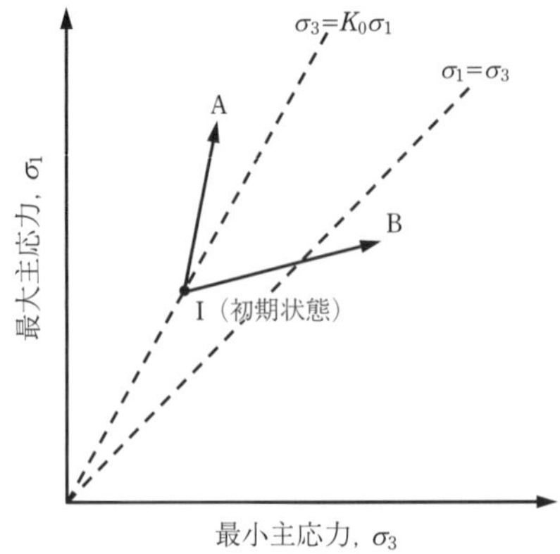

図 2.5　盛土による地盤の応力変化

飽和した土要素が図 2.6 に示すように全応力 (σ) の荷重を受けると、間隙水圧 (u) と有効応力 (σ') の間には、テルツァーギ（Terzaghi）が示した式 (2.1) が成立する。これは、土の力学に欠かせない有効応力の原理である。

$$\sigma = \sigma' + u \tag{2.1}$$

σ' はせん断変形に対して土要素に有効に働く応力であり、u はせん断変形によって飽和土中に発生する間隙水圧である。この水圧は飽和土であれば等方的であるので、σ_1 にも σ_3 の方向にも同じ値を持つ。

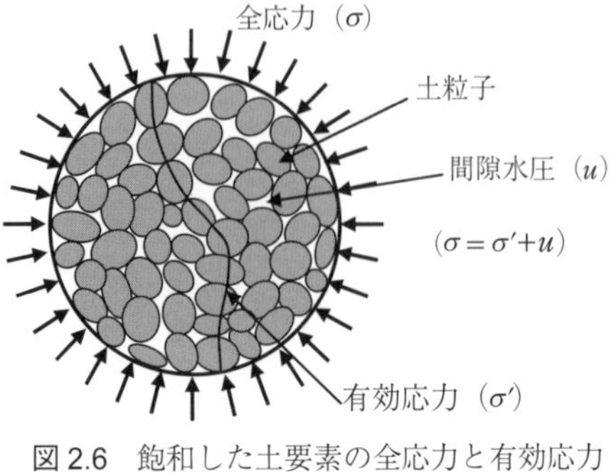

図 2.6　飽和した土要素の全応力と有効応力

図 2.7 は、図 2.5 の I 点から進行する盛土の載荷中の全応力と有効応力変化を示している。A 点と B 点の全応力のベクトルの方向は、図 2.5 で示したとおりであるが、例えば A の場合、全応力の位置（b 点）に対応する有効応力のそれは $\sigma_1=\sigma_3$ の線に平行な a 点としてユニークに確定できる。上述のように、u は等方的で σ_1 にも σ_3 の方向にも同じ値を持つのが理由である。

図 2.7 の一点鎖線で示す破壊線は圧縮側と伸張側の 2 本があり、それぞれ圧縮試験と三軸伸張試験の結果から図 2.8 のように得る。図 2.8 の三角形 OCD と CDE の関係から、式 (2.2) を得る。

$$\frac{\mathrm{CD}}{\mathrm{OC}}=\frac{\sigma_1'-\sigma_3'}{\sigma_1'+\sigma_3'} \tag{2.2}$$

飽和粘性土が低応力状態であれば、この破壊線を求めるのにサクション S_0（拘束圧解除によって供試体中に保持される負圧）測定の一軸圧縮試験が簡単である[2)]。一軸圧縮試験は、大気圧下の試験であるので S_0 が測定できると、σ_3 は S_0 に相当する値が拘束圧として供試体外側から載荷していると解釈される。したがって、q_u とそれに対応するサクション（間隙水圧）を用いて、圧縮側の破壊線は簡単に求

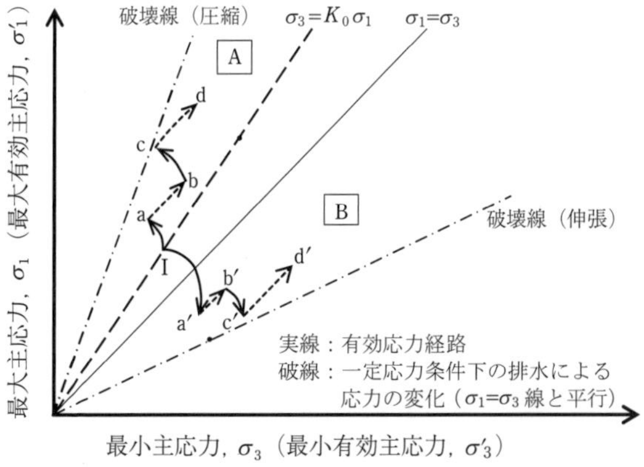

図 2.7　盛土による全応力と有効応力変化

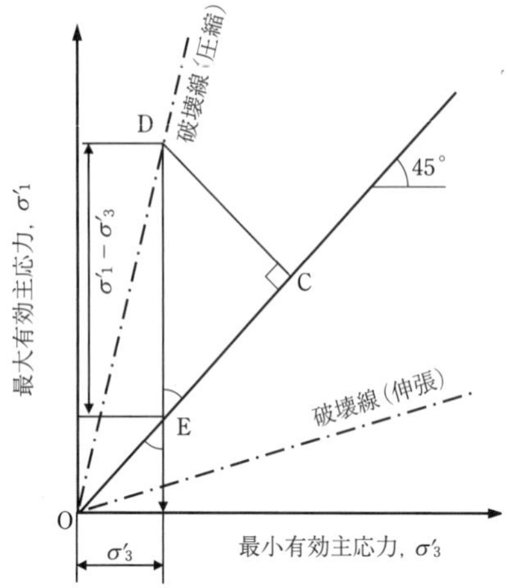

図 2.8　破壊線の応力図

められる[2]。伸張側の破壊線は、通常三軸伸張試験から求めるが、我が国の沖積粘性土である河北潟や水戸粘土、また韓国の釜山（Busan）粘土では圧縮に対する伸張強度は 65％[2] 程度である。一例として、Busan 粘土の三軸圧縮と伸張試験による有効応力経路を図 2.9 に示す。同じ韓国でも金海（Kimhae）粘土では圧縮に対する伸張強度は 83％[2] と異なる。このような粘土では、伸張側の破壊線は図 2.8 に示す圧縮側のそれより $\sigma'_1=\sigma'_3$ の直線からの角度（有効内部摩擦角 ϕ'）が小さくなる。Pisa 粘土の有効応力経路を図 2.10 に示す。Pisa 粘土のように伸張強度が圧縮強度より 36％[2] 程度大きい粘土では、図 2.10 に示すように伸張側の ϕ' は圧縮側のそれより大きい。

さて、図 2.7 において、A 点のベクトルを見ると、全応力状態の b 点より u を持つ有効応力経路上の a 点が破壊線に近いことがわかる。破壊線の手前の a 点で盛土の嵩上げを停止して間隙水圧の消散を待つと、u が消散した分だけ有効応力（地盤強度）が大きくなり、a 点は $\sigma'_1=\sigma'_3$ の 45° の線上を（間隙水圧は等方的であるから）b 点に向か

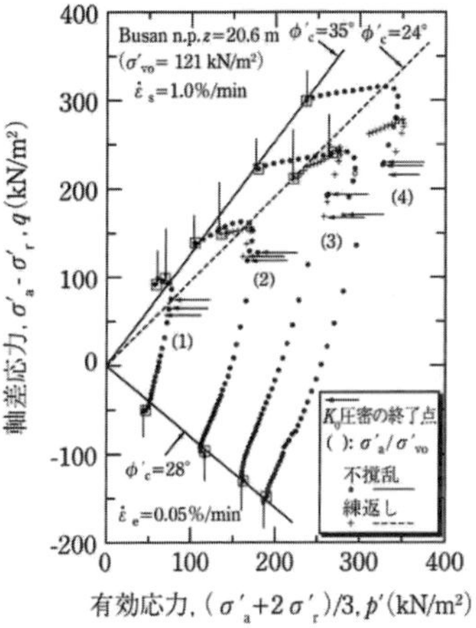

図 2.9　有効応力経路（Busan 粘土）[2)]

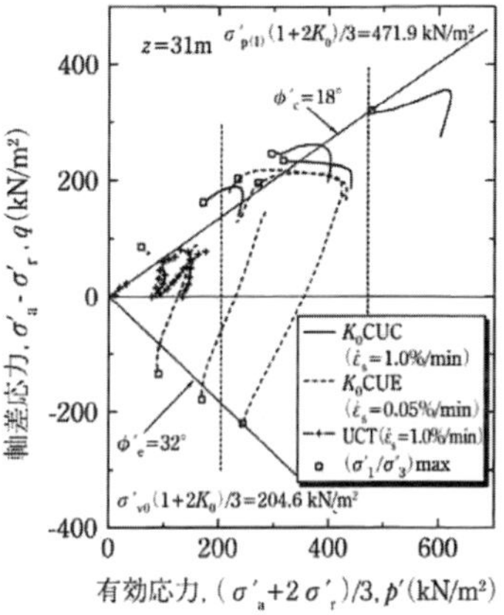

図 2.10　有効応力経路（Pisa 粘土）[2)]

うことになる。伸張側も同様に a′ から b′ に向かう。このことは、飽和地盤上の盛土は、間隙水圧が大きい施工中か施工終了時に、盛土の安定性が最も危険であり、時間が経過して u の消散が進行するに従って安全側に移行することを意味する。u が消散して b 点に到達すると、b 点は全応力の応力状態になる。この圧密による強度の増加量は、a と b 点の縦軸の差であり、この強度増加に相当する新規の盛土が可能となる。

荷重増分に対する強度増加の比が強度増加率 c_u/p であるが、I_p との間に図 2.11 の関係が知られている。日本（○）の粘土に対して、三軸試験の圧密圧力が土の原位置の圧密降伏応力を超えた（正規圧密領域下で求めた）c_u/p は、0.3 ～ 0.5 の範囲にあり、I_p に依存していない。一方、イタリア（◑）と韓国（×、▽）の粘土は I_p が大きくなると c_u/p が小さくなる傾向がある。また、圧密圧力が原位置の圧密降伏応力より小さな過圧密領域で得た c_u/p は、0.3 ～ 0.8 の範囲にあり、この原因は応力解放、試料撹乱、年代効果等に起因してせん断変形を受けた供試体が過圧密的な挙動を示すためと考えられている [2)]。

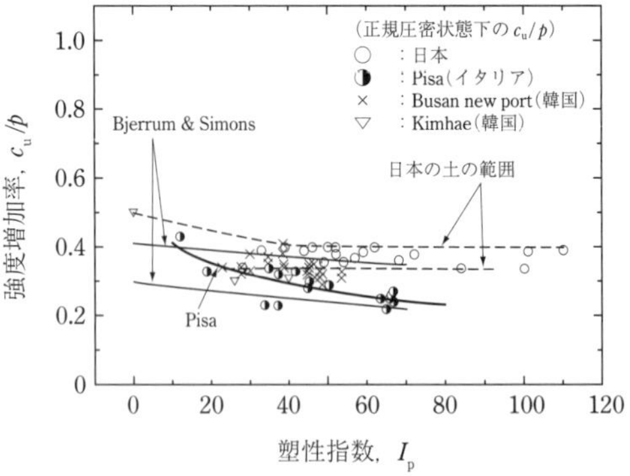

図 2.11　強度増加率と I_p の関係[2)に加筆修正]

このような有効応力挙動や強度増加の性質を巧みに利用してすべり破壊に対処する工法が、図 2.12 に示す盛土の段階的（緩速）施工法である。図 2.12 の安全率変化の曲線に示す a から d は、図 2.7 のそれらの位置に対応している。通常の盛土の設計安全率は 1.25 が採用されることが多い。このような安全率変化を取り入れた施工中の盛土管理方法としては、図 2.13 に示す松尾・川村の方法がある。盛土中央直下の沈下量 ρ と法尻部の側方変位 δ を測定して、図 2.13 にプロットすることで、破壊（$q/q_f=1.0$）に対する安全度の判定が容易にできるので簡便である。ここで、q_f は破壊時の盛土荷重、q は任意時

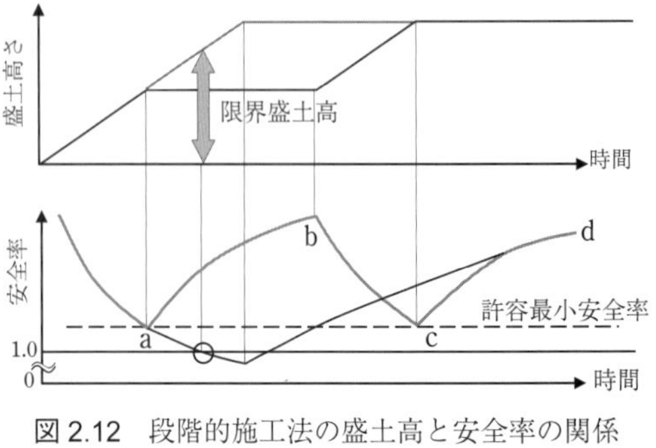

図 2.12　段階的施工法の盛土高と安全率の関係

点の盛土荷重である。**図 2.13** の q/q_f 値は、**表 2.2** の指数関数で与えられる。

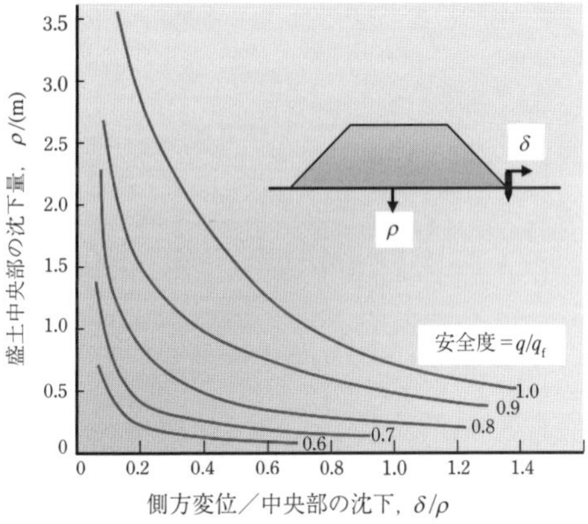

図 2.13　施工途中の安全度の判定図[3)]

表 2.2　**図 2.13** の曲線の式[3)]

$$f=a\exp(b(\delta/\rho)^2+c(\delta/\rho))$$

q/q_f	a	b	c	δ/ρ
1.0	5.93	1.28	−3.41	$0<\delta/\rho\leqq 1.4$
0.9	2.80	0.40	−2.49	$0<\delta/\rho\leqq 1.2$
0.8	2.94	4.52	−6.37	$0<\delta/\rho\leqq 0.8$
0.7	2.66	9.68	−9.97	$0<\delta/\rho\leqq 0.6$
0.6	0.98	5.93	−7.37	$0<\delta/\rho\leqq 0.6$

施工中の盛土の安定性を増す工法としては、**図 2.14** に示す押え盛土工法が多用される。押え盛土は、活動モーメント D に対する抵抗モーメント R の割合（安全率 F_s）と本体盛土法尻部近傍の地盤強度の増加を促進する工法である。押え盛土の高さは本体盛土の半分が力学的に最も有効である。盛土の圧密促進として、資材調達が困難な山間部等では、ドレーン材として縄等を地盤に鉛直に配置して排水することも、それが腐食や目詰まりするまでの短期的工法として有効である。

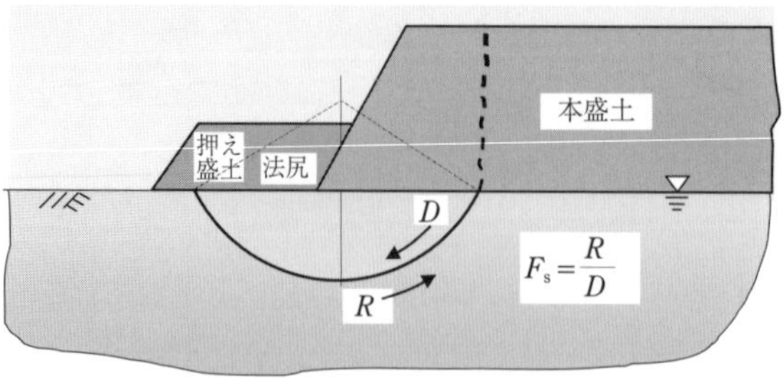

図 2.14　押え盛土工法（法先載荷工法を含む）

コラム　≪ポータブルコーン貫入試験≫

図–1 は、軟弱地盤の地耐力評価としてのポータブルコーン貫入試験の測定状況を示している。ハンドルに体重を載せて力計の値を鏡によって測定することで、地盤の地耐力を一人で測定する方法である。この試験は、軟弱地盤上の軍用車の走行性を判定するために、短時間で機動性のあるサウンディング法として、1948 年に米国陸軍で基準化された軍事技術の一つである。

橋梁の鋼材やネジ、コンクリートの劣化調査としての打音検査、地盤に衝撃を与えた場合の振動波の伝播時間や周期特性の測定から、土層構成や地盤概要を知る方法もサウンディングである。地耐力の評価はポータブルコーン貫入試験でなくても可能である。例えば、直径 3cm の竹に 60kgf の体重の人間がぶ

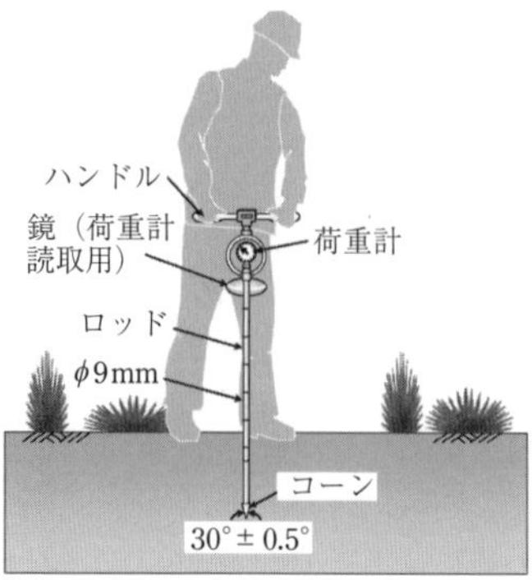

図–1　ポータブルコーン貫入試験

ら下がり、竹が地中で静止した際の先端の地耐力 Q の概値は、周面摩擦力を無視すれば式(1)で計算できる。

$$Q=\frac{\text{体重}}{\text{竹の断面積}}=\frac{60\text{kgf}}{(\pi\times3^2/4)\text{cm}^2}=8.49\text{kgf/cm}^2\fallingdotseq833\text{kN/m}^2 \qquad (1)$$

ここで、π は3.14とする。

また、$Q=5.14c_u$ とすれば、粘着力 c_u は、833/5.14＝162kN/m^2 となる。地盤中に直径3cmの竹が1m貫入した状態で静止すれば、竹の外周面積は、$2\pi r\times100\text{cm}=2\times3.14\times1.5\text{cm}\times100\text{cm}=942\text{cm}^2$ となる。周面摩擦力は、$942\text{cm}^2\times162\text{kN/m}^2\fallingdotseq15.3\text{kN}$ となり、この竹を引き抜くには、先端部で発生する負圧を無視すると周面摩擦力以上の荷重が必要になる。車両が走行する際の非排水条件下の地盤の挙動は、このように扱うことができるが、砂や粘性土中に打設された杭等の排水条件下の挙動は複雑である。

都市騒音の少ない地域では、地を這う唸り音の状況から、その後に襲来する地震動の規模や地震の到達時間の概要を知ることができる。サウンディングの語源は「探る」である。身の回りの材料と知覚、聴覚、触覚、人間が体験の中で獲得した第六感的な感覚等を活用すれば、地盤の概要を知ることも可能である。

2.2　掘削による地盤の破壊メカニズムと対策

図2.15は、飽和粘性土地盤を乱れがないように理想的に掘削した状態を示している。掘削底面下のB点では、掘削による σ_1 の減少が σ_3 のそれより大きく、掘削側面のA点では、逆に $\sigma_3>\sigma_1$ の条件下で応力が変化する。例えば、$z=10$m の掘削前のB点の σ_1 は、飽和粘性土であるので、掘削によって（16－10）kN/m$^3\times$10m＝60kN/m^2 となり、σ_3 は $K_0\times\sigma_1=0.5\times60=30\text{kN/m}^2$ となる。飽和粘性土では、図1.5で述べたように透水係数 k が小さいので、掘削によるこの σ_1 と σ_3 の減少分は式(2.3)のように負の間隙水圧 u として土中に発生する。

$$u=\frac{\sigma_1+\sigma_2+\sigma_3}{3}=-\frac{2\sigma_1}{3}=-40\text{kN/m}^2\quad(\because K_0=0.5) \qquad (2.3)$$

そして、時間の進行に伴い、A点は水平右方向、B点は鉛直上方向に地盤が変形して不安定になる。

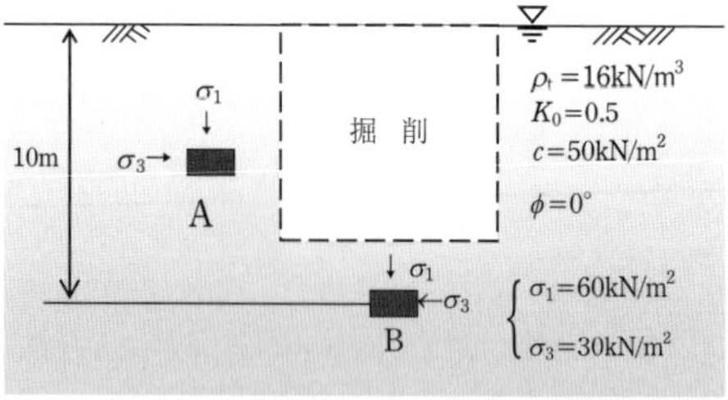

図 2.15　掘削による全応力変化

図 2.16 は、図 2.15 に示す A と B 点の全応力と有効応力変化の概念図を示している。図 2.4 の盛土載荷の場合と異なり、掘削のように除荷を受ける地盤の有効応力は、式 (2.1) の関係から、地盤内に新たに発生する負の間隙水圧に相当する値だけ、全応力より有効応力が大きくなる。負の間隙水圧は、時間の進行に伴い消散して小さくなるので、図 2.16 の a 点は間隙水圧の等方性に従って、$\sigma_1=\sigma_3$ の条件を保ちながら全応力の b 点に向かって進む。b 点で中止していた掘削を再開して c 点で止まり、時間が進行すると、やはり間隙水圧の消散によって、いずれ d 点の破壊線に到達することになる。伸張側の b′ 点においても同様である。すなわち、図 2.15 のような掘削問題では、

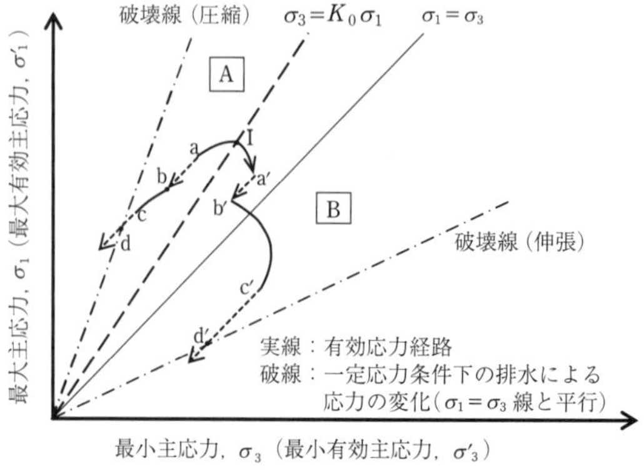

図 2.16　掘削による全応力と有効応力変化

掘削中や掘削終了時が最も安全であり、時間の進行とともに地盤の安定性は危険側に向かうことになる。

図 2.15 に示すように、H 鋼のような支保工を伴わない場合に鉛直掘削できる深度は、ランキン（Rankine）の主働土圧が 0 となる深さ（限界自立高さ）H_c として式 (2.4) によって与えられる。

$$H_c = \left(\frac{4c}{\gamma_t}\right)\tan\left(45° + \frac{\phi}{2}\right) \tag{2.4}$$

ここで、c は粘着力、ϕ は内部摩擦角である。**図 2.15** に示すように、地盤の c が 50kN/m^2、$\phi = 0°$、$\gamma_t = 16$kN/m^3 であれば、支保工なしに $H_c = (4 \times 50)/16 = 12.5$m の鉛直掘削が行えるが、**図 2.16** で述べたように負の間隙水圧の消散とともに有効応力（σ'）が小さくなるため、時間の進行とともに掘削壁面の安定は危険側に向かうことに注意が必要である。

負の間隙水圧の存在は、せん断変形による土の膨張を意味するが、このような地盤に降雨等による水の供給があれば、透気係数（空気が土中を通過できる速度）より透水係数が格段に大きいため、負の間隙水圧は瞬く間に消散して、地盤破壊の主因となる。このような地盤災害は、今日でもよく発生している。そして、このような災害の防止や軽減のためには、掘削底面への立ち入り禁止やビニールシートで掘削部周辺を覆い、降雨による当該地盤への水の浸透を防ぐことが不可欠である。

砂のような土でも含水比の状態によって、見掛けの c が変化するので式 (2.4) で計算される H_c も変化する。すなわち、適度な含水比があれば、砂地盤でも鉛直掘削が可能であるが、見掛けの c は不安定であることに十分留意することが必要である。

含水比が 0%の豊浦砂でも、わずかな高さの鉛直掘削が可能なことがある。例えば、$H_c = 1$mm の c を $\phi = 0°$ として式 (2.4) から求めると 4.5×10^{-3} kN/m^2 になる。液性限界 w_L の状態下の c は 2.5kN/m^2 程度であることが知られるが、乾燥砂の H_c を与える c は w_L の c より小さく不安定であることがわかる。砂地盤の鉛直掘削は見掛けの粘着力によって成立することが多い。砂の透水係数 k を 10^{-3}cm/s とすると、粘性土（同、10^{-8}cm/s）に比較して k が極めて大きいことから、負の u の消散時間もそれに呼応して速くなる。設計・施工において、このような砂地盤の c は通常考慮しないが、洪積砂のように膠着物質等による構造的な粘着力が生成されている場合は、強度試験結果を踏まえて c を見積もることが認められている[4)]。

2.3 粘性土地盤のヒービング破壊のメカニズムと対策

図 2.17 は、砂層の上部に堆積している粘土層の掘削の状況を示している。掘削壁面は土留め壁によって支保されているが、砂層は被圧地下水帯であり p の水圧を有している。粘土層の掘削が進み、粘土層厚が D に至ると掘削底面が盛り上がるヒービング（heaving：盤膨れ）破壊が発生する。このようなヒービングの安定性は、粘性土の湿潤単位体積重量 γ_t と非排水強度 c_u にも関係して、式 (2.5) の安定数 N_b で概算され、その後の精査の必要性が検討される。

$$N_b = \frac{\gamma_t H}{c_u} \tag{2.5}$$

ここで、H は掘削深さである。我が国の沖積粘性土地盤では、N_b が 3 を超えると山留め壁の変形が増し、5 を超えるとヒービングの可

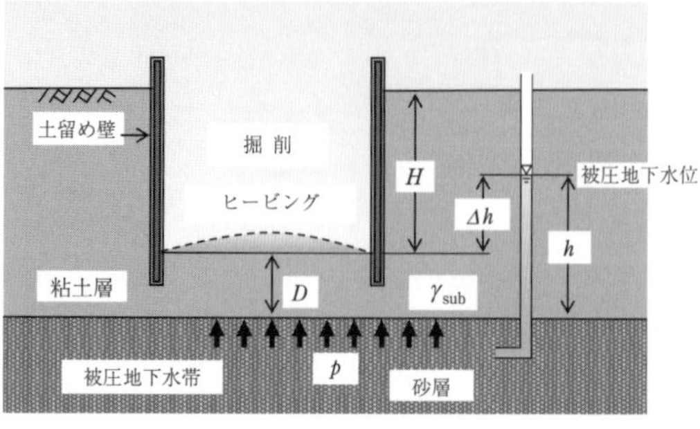

図 2.17　被圧地下水による粘土層のヒービング

能性が高くなる。

図 2.17 の場合には、ヒービングに対する安定性は圧力の釣合い問題として検討されることが多い。すなわち、ヒービングに対する安定性は、被圧地下水と掘削底面との水頭差 Δh と、水と土の水中単位体積重量（それぞれ、γ_{w} と γ_{sub}）との関係から、D が式 (2.6) の左辺より大きい条件式として与えられる。

$$\left(\gamma_{\mathrm{w}} \frac{\Delta h}{\gamma_{\mathrm{sub}}}\right) < D \qquad (2.6)$$

したがって、ヒービングを防ぐ対策としては、式 (2.6) から以下の二つの方策があることがわかる。

① 深井戸工法等で砂層の水圧を下げることで、p（$= \Delta h$）を小さくする。

② p の値を小さくできない場合は、式 (2.6) の左辺の値を超えない D を確保する。

図 2.18 は、掘削底面と土留め壁背面の力学的釣合い関係から、すべり破壊によって、背面土が掘削底面に回り込む状況を示している。このような掘削底面の隆起もヒービングであるが、この過程で背面土表面の沈下と土留め壁の変形が発生する。このようなヒービング破壊の原因は、土留め壁の設置深度（根入れ深さ）や剛性が十分でない場

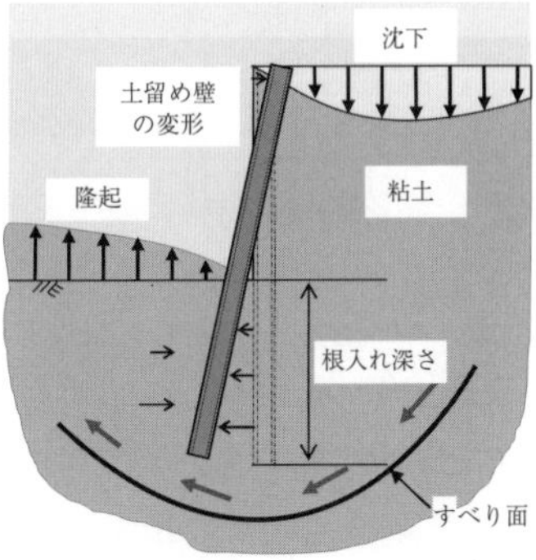

図 2.18　ヒービングによる土留め壁と地盤の変形

合に多い。対策工としては、すべりや土留め壁の剛性を増すために、これらの部分の地盤改良が有効である。

2.4　砂地盤のクイックサンドとボイリング破壊のメカニズムと対策

図 2.19 に示す砂層内の上向きの浸透流による水圧が、砂の水中単位体積重量 γ_{sub} より大きくなると、砂はせん断強度を失い、砂粒子は水中に遊離して、砂層は液体状になる。この状態をクイックサンド（quick sand）と呼び、γ_{sub}、水の密度 ρ_w（通常 1.0g/cm^3 として扱う）、土粒子密度 ρ_s、間隙比 e を用いて、式 (2.7) で示す限界動水勾配 i_c からその安定性が検討される。

$$i_c = \frac{\gamma'_{sub}}{\gamma_w} = \frac{(\rho_s / \rho_w) - 1}{1 + e} \tag{2.7}$$

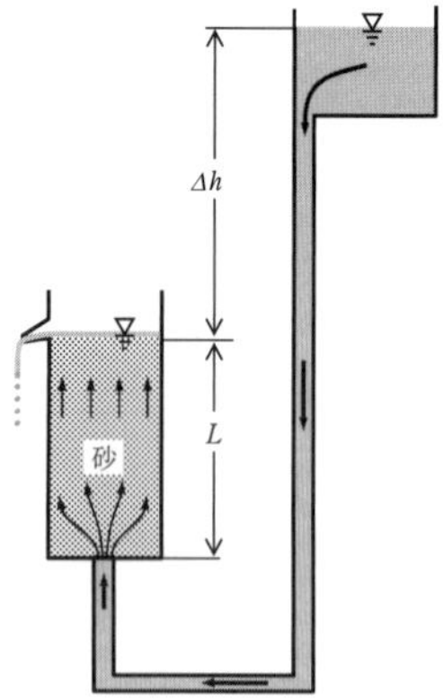

図 2.19　クイックサンドとボイリング

地震時の液状化も、砂が水中に遊離した状態である点でクイックサンドであるが、振動に起因している点で発生メカニズムは異なる。地震時の液状化のメカニズムは 4.1 節で述べる。式 (2.7) に従うと、ρ_s が 2.65g/cm^3 の砂の場合、e は 0.65 以下に締まっていることがクイックサンドを生じさせない条件となる。クイックサンドが発生すると地盤は支持力を失い、砂は水が煮沸したように地表面に噴き上がり地盤が破壊する。この現象はボイリング（boiling）と呼ばれている。ボイリングに対する安定条件は、式(2.8)の右辺が左辺より大きいことで担保される。

$$\left(\gamma_{\mathrm{w}} \frac{\Delta h}{L}\right) < \gamma'_{\mathrm{sub}} \tag{2.8}$$

ボイリングに対する安全率 F_{s} は、i_{c} に対するボイリングが発生する動水勾配の比として、**図 2.20** と式(2.9)で検討される。

$$F_{\mathrm{s}} = \frac{i_{\mathrm{c}}}{i} = \frac{\rho_{\mathrm{s}} - 1}{1 + e} \times \frac{l}{h_{\mathrm{w}}} = \frac{\gamma'_{\mathrm{sub}}}{\gamma_{\mathrm{w}}} \times \frac{l}{h_{\mathrm{w}}} \tag{2.9}$$

ここに、i_{c}：限界動水勾配、i：動水勾配（$=h_{\mathrm{w}}/l$）、l：流線の長さ(m)、ρ_{s}：土粒子密度、e：間隙比、γ_{w}：水の単位体積重量、h_{w}：水位差、γ'_{sub}：土の水中単位体積重量である。

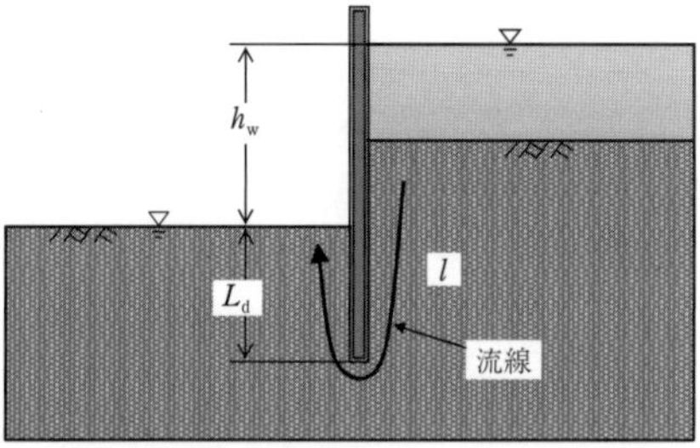

図 2.20　ボイリングの検討方法（限界動水勾配の方法）

ボイリングは、動水勾配を除くと ρ_s と e に依存するため、砂粒子の大きさとは関係ないが、細砂で発生しやすい。砂の粒径が小さくなると粒子が均一になりやすいため、締まり方が緩く e が大きくなり、i_{c} が小さくなるのが理由である。また、**図 2.21** に示すように、水位差以外に過剰間隙水圧 u を有する地盤の場合は、Terzaghi による式(2.10)がボイリングの検討に多用される。

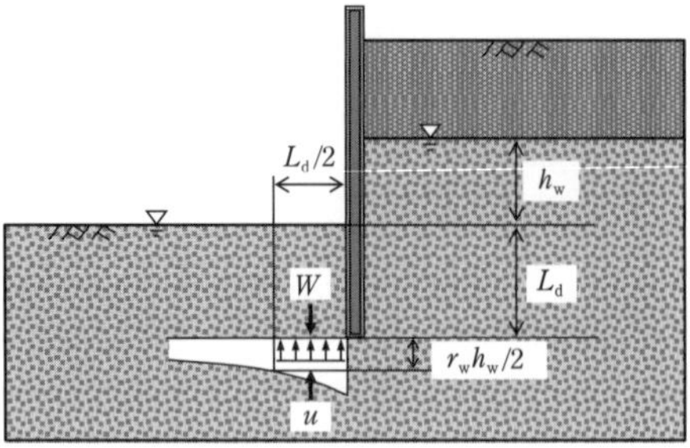

図 2.21　ボイリングの検討方法（Terzaghi の方法）

$$F_s = \frac{W}{u} = \frac{2\gamma' L_d}{r_w \cdot h_w} \qquad (2.10)$$

ここに、W は土の有効重量であり、L_d は土留め壁の根入れ深さである。

この方法は、土の有効重量が水位差の半分の過剰間隙水圧に抵抗する考えである。図 2.22 はボイリングによる地盤の破壊例を示している。土留め壁の変形による背面土の沈下や掘削底に水や砂の噴出がある場合は、動水勾配を小さくすることで、その発生を防ぐことが可能である。主な対策としては、以下の四つが列挙できる。

①　掘削内で強制排水して、水頭差を小さくする。

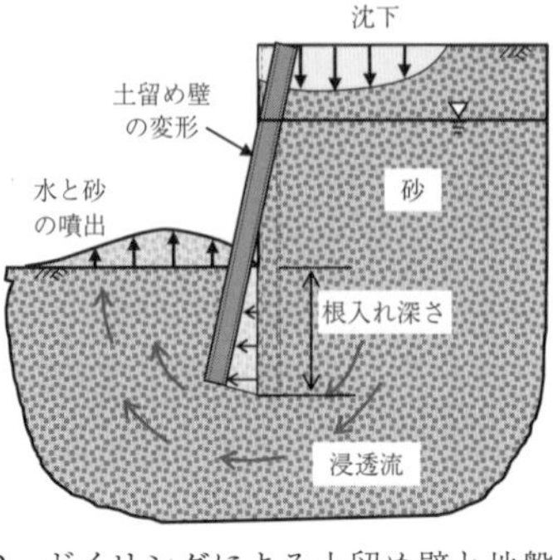

図 2.22　ボイリングによる土留め壁と地盤の変位

② 掘削内外の地下水位をウェルポイント等で下げる。

③ 土留め壁の根入れ深さを大きくする。

④ 土留め壁の根入れ部分に押え盛土をして、動水勾配を小さくする。

図 2.23 は、コンクリート構造物の左右の水位差が異なる場合を示している。この水位差に起因したボイリングが構造物の右側で発生すると、浸透水によって土粒子が流出して地盤内にパイプ状の孔や水みちができることがある。このような現象をパイピング（piping）と呼んでいる。パイピングも動水勾配の問題として、式 (2.11) の右辺が左辺より大きいことで安定性が担保される。

$$\gamma_{w}\frac{h_{w}}{l}<\gamma'_{sub} \tag{2.11}$$

ここで、h_w：水位差、l：水の浸透経路長である。

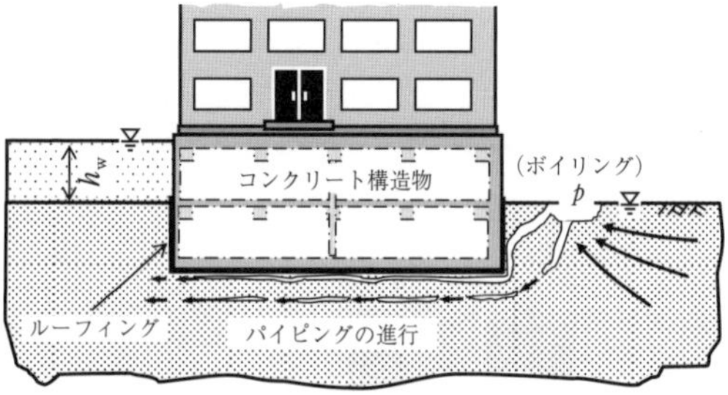

図 2.23　パイピングとルーフィング

パイピングが進行して、式 (2.11) の l が短くなれば、動水勾配が大きくなり浸透力が増した分、パイピングが助長されることになる。**3.4** 節で述べる河川堤防の決壊原因として、モグラやミミズの穴がパイピングの進行の原因になることもある。また、土とコンクリートやスチールとの境界面は浸透経路として水みちができやすく、パイピングが発生しやすい。このようなパイピングをルーフィング（roofing）

と呼んでいる。式 (2.12) に示す h_w に対する最短の l の比がクリープ比であり、この比は浸透破壊の判定を含む設計に用いられている。

$$\text{クリープ比} = \frac{l}{h_w} \tag{2.12}$$

ルーフィング対策としては、鋼矢板などの遮水工法で l を長くしてクリープ比を大きくすることやブランケット工法等で動水勾配を小さくすることが有効である。

参考文献

1) 松尾稔：最新土質実験—その背景と役割—、森北出版、pp.38-54、1974.
2) 正垣孝晴：性能設計のための地盤工学、鹿島出版会、pp.221-252、2012.
3) 松尾稔・川村国夫：軟弱地盤上の盛土施工に関する施工管理図、土と基礎、Vol.26, No.7、pp.5-10、1978.
4) 日本道路協会：道路橋示方書・同解説Ⅳ下部構造編、pp.127-143、2012.

3．降雨・降雪時の地盤の挙動と対策

我が国特有の自然現象として、多雨・集中豪雨・梅雨・台風に加え、豪雪地帯での融雪による斜面や河川堤防等の破壊は、毎年各地で悲惨な災害を与えている。第3章では、自然現象の中で降雨・降雪等に起因する地盤災害のメカニズムと対策に焦点を当てる。このような地盤災害に関連して、最初に降雨・降雪による斜面崩壊の分類と土石流の崩壊の実態とメカニズム・対策について述べる。その後、河川堤防やダム堤体の破堤原因として、越流・すべり破壊・パイピング・ボイリングの破壊メカニズムと対策について述べる。

3.1　降雨・降雪時の斜面崩壊のメカニズムと地盤の変形測定法

(1) 地盤に関わる水の分類

地盤に関わる土中水は、図3.1に示すように、地下水、重力水、保持水に分類される。重力水は、土中の飽和毛管水帯を通って地盤に浸透し、地下水に合流するまでの水であり、地下水は、自由水面や土の間隙を満たして地中を流れる水である。この二つの水は透水問題として、掘削面への湧水や堤体を浸潤する水として設計や施工、災害等に直接関わる。一方、保持水は、土の物理・力学的性質に影響する水であり、毛管水と吸着水に分類できる。前者は土の間隙に保持され、メニスカスを支配する。後者は土粒子表面に物理・化学的に吸着される水であり、105℃で乾燥除去できるが、日本工業規格（JIS A 1203）の含水比（式(1.3)）の測定のための乾燥温度は110℃に設定され、24時間保持することになっている。

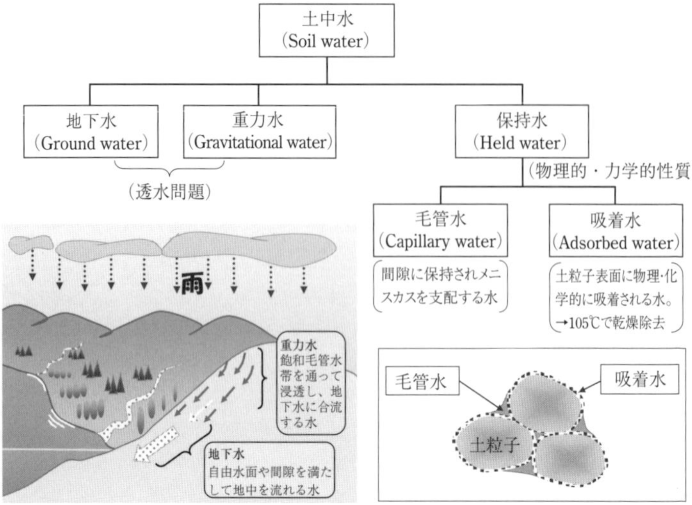

図 3.1　土中水の分類

（2）降雨・降雪による斜面破壊のメカニズム

図 3.2 は、斜面の安定性の検討として、円弧すべりによる方法の概念図を示している。斜面の安定性は、安全率 F_s によって通常評価されるが、降雨との関係でこの F_s を支配する要因は、次の三つであり、これらが斜面破壊のメカニズムとして捉えることができる。

① 雨が降ると土の重量が大きくなる。滑動応力 D が大きくなると F_s が 1 より小さくなり、斜面の安定が保てなくなり破壊する。

② 土中の水の量が多くなると土の強度 c_u が小さくなり、その結果抵抗応力 R が小さくなり、F_s が 1 より小さくなると斜面は破壊する。

③ 土の間隙が降雨の浸透によって飽和すると、図 2.6 と式 (2.1) で説明した間隙水圧が大きくなり、式 (2.1) で示した間隙水圧に相当する有効応力（土の強度）が小さくなり、F_s が 1 より小さくなると破壊する。

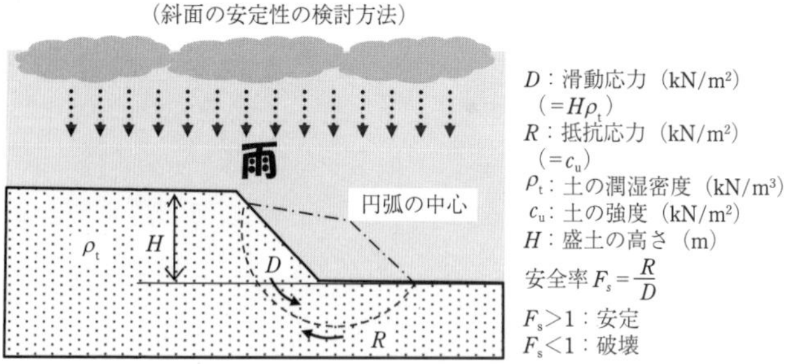

図 3.2　降雨による斜面崩壊

式 (3.1) は、飽和度 S_r の定義である。

$$S_r=\frac{w \cdot \rho_s}{e \cdot \rho_w}\ (\%) \tag{3.1}$$

ここに、w：含水比（%）、ρ_s：土粒子密度（g/cm^3）、e：間隙比、ρ_w：水の密度（g/cm^3）である。

例えば、$e=1.5$、$\rho_s=2.65$、$S_r=30\%$ の土の間隙の空気が水で置換して飽和すると、その土の重量は34%程度増加する。同様に $S_r=60\%$ の場合の土の重量の増加は17%となる。上記①に関係して、降雨と S_r が F_s に及ぼす効果は極めて大きい。

図 3.3 は、S_r が土の強度特性に及ぼす影響を示している。飽和土（$S_r=100\%$）は、土粒子間のすべての間隙に水が満たされていて空気がない状態である。一方、不飽和土はこれらの間隙の一部かすべてに空気が存在していて、完全飽和でない（$S_r<100\%$）状態である。**表 3.1** は、非排水条件下のせん断強度の一般的な大小関係を、土の過圧密状態と飽和度に関係してまとめている。一般的という用語を用いているのは、他の要因や土の状態、試験条件によって結果が異なる場合があるからである。また、**図 2.11** の c_u/p に関係して述べたように、土が受けている過去の最大荷重と今の荷重が等しい状態を正規圧密、過去の荷重が今の荷重より大きい場合を過圧密状態として、過去受けた最大圧密荷重に対する現在の荷重の比を過圧密比と定義している。

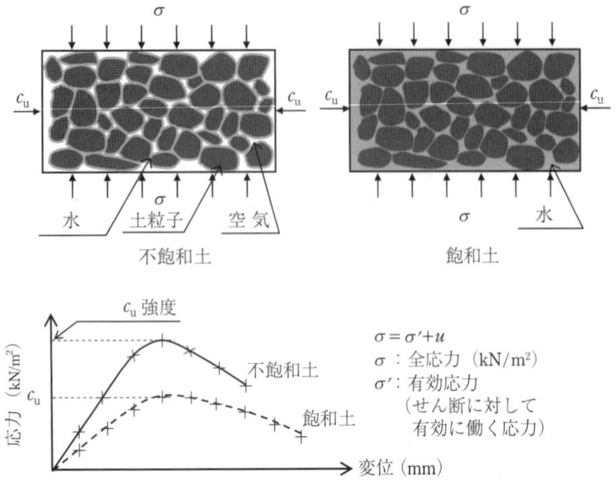

図 3.3　飽和度が土の強度特性に及ぼす影響

表 3.1　せん断による強度の一般的な大小関係（非排水条件）

土の状態	体積変化	間隙圧	飽和状態	強度の大小関係
正規圧密	減少	正圧	飽和土①	①＜②
			不飽和土②	
過圧密	増大	負圧	飽和土③	③＜④
			不飽和土④	

我が国の自然条件下の土は、間隙に水分が全くない状態（含水比がゼロ）は、長期の晴天下の砂丘の表層の砂等を除いて、一般に存在しにくい。したがって、**表 3.1** の不飽和土は、含水比がゼロでない不飽和の状態の土を考えている。**図 3.3** の下図には、これらの土要素が非排水条件下でせん断変形を受けた際の応力と変位の関係を示している。不飽和土の非排水強度 c_u は飽和土のそれより一般に大きい。この理由は、**表 3.1** に示したように、正規圧密状態の土では不飽和土でせん断中の体積減少（負のダイレタンシー）が生じて密度が大きくなるのに対し、過圧密状態の土では、せん断変形による体積膨張に起因

してサクションが大きくなり、式 (2.1) に示す有効応力が大きくなるからである。

一方、降雪による質量の増加は**図 3.2** のすべり領域の荷重側（*D*）のみでなく、抵抗側（*R*）にも同じように作用するので、融雪による水の影響を考えるのが一般的である。“まえがき”の**表 1**（No.33）に示した長野県と新潟県の県境をなす蒲原沢の土石流（1996 年）は、降雨と融雪に起因した斜面崩壊としてよく知られている。降雪地帯では融雪時期の斜面崩壊がしばしば発生する。したがって、本書では降雪による斜面崩壊は降雨に含めて考えることにする。

（3）地すべり例と二次災害対策のための観測システム

写真 3.1 は、新潟県佐渡市の片野尾地すべりを示している。この地すべりは、後述の**図 3.13(b)** に示すような地層の層理面と斜面の傾斜角が同じ約 30° の流れ盤構造であるが、融雪による間隙水圧の上昇に起因して**図 3.4(a)** に示すように、すべり幅 80 ～ 100m、長さ 120m の地すべりが上部側で発生し、そのすべり土塊の重量に耐え切れない下部（**図 3.4(b)**、**(c)**）が、80 ～ 100m 幅、長さ 80m の地すべりとして県道を覆い海まで到達した（**図 3.4(d)**）。上部の地すべりは約 1 週間、下部の二次すべりは約 3 日で滑動した。

写真 3.1　片野尾の地すべり [1)]

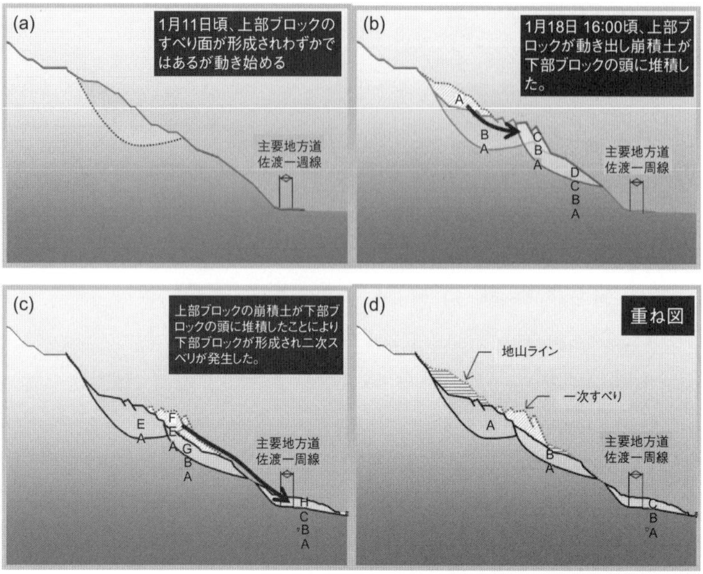

図 3.4　地すべりの状態

図 3.5 は、**図 3.4** の地すべり地の平面図であり、対策工を検討する際に必要な地すべり地の地層構成等を調べるための各種地盤調査位置や、地すべりの変位を観測・監視するための雨量計、地山変位計、間隙水圧計等の位置を示している。これらの観測は、現地の観測小屋に設置した無人の観測・警報システムによって行われ、**写真 3.2** に示すように、崩壊当時は電話回線を用いてこれらの測定情報が管轄する新潟県の地域振興局に転送されるとともに、測定値が規制値を超えると、自動警報機（サイレンと回転灯）により周辺住民に警報が伝達されるシステムが採用された。**写真 3.3** に示すように、すべり面は鏡面となり、降雨がこの面上を流下している状態であり、地すべり土の流出防止に大型土嚢とテトラポットが緊急的に設置された。

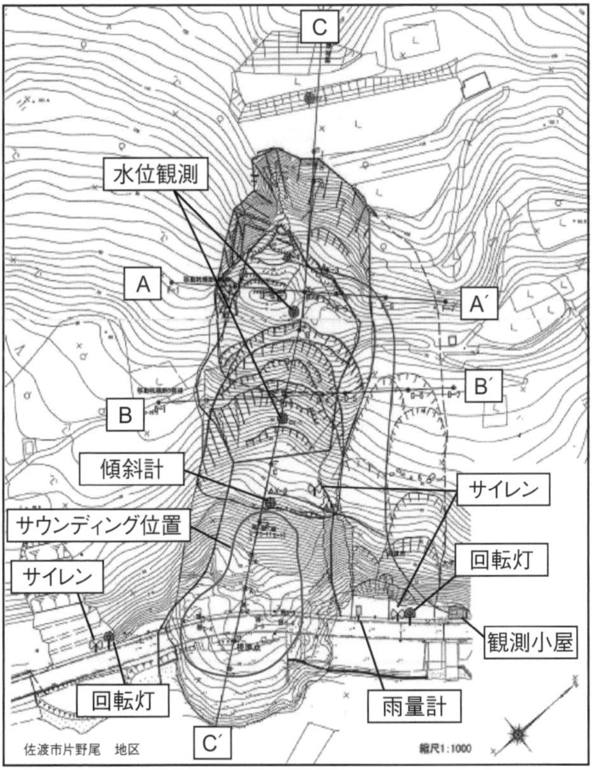

図 3.5　地すべり地の平面図と観測・監視位置[2)]に加筆修正

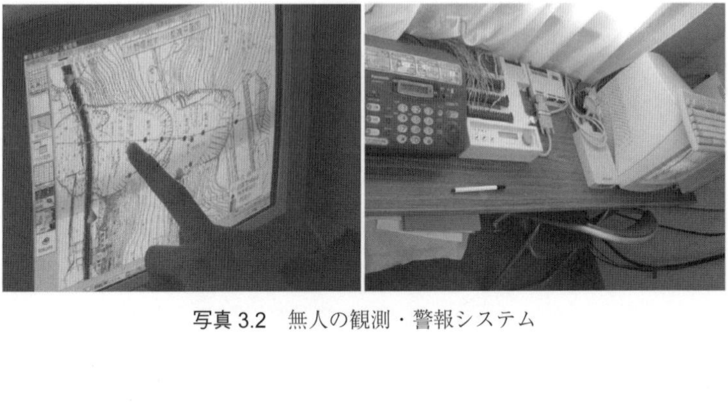

写真 3.2　無人の観測・警報システム

写真 3.3　すべり面（鏡面）上を流れる雨水と押え盛土

（4）地盤の変位測定法

写真 3.4 は、伸縮計を用いた地表面変位測定の設置例を示している。また、図 3.6 はその概要を示している。写真 3.4 の測定では、杭間を 0.5mm 径のインバー線を用いて、0.2mm の精度の変位量を測定している。インバー線は、塩ビパイプで保護して 20N 程度の重錘で引っ張っている。変位杭を用いて盛土による水平と鉛直変位を測定する方

(a)　測定例　　(b)　保護管とインバー線

写真 3.4　地表面変位測定例

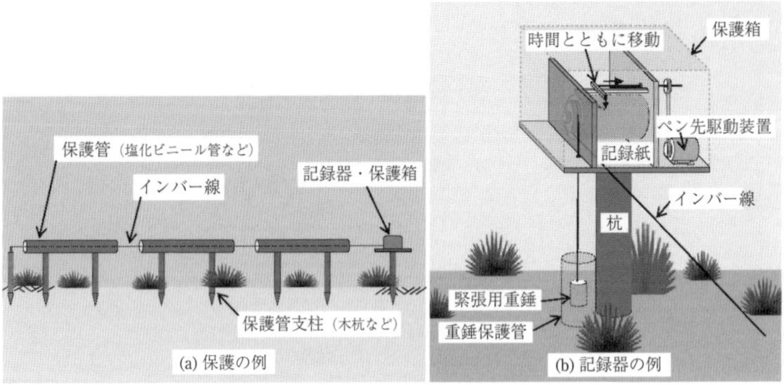

図 3.6　伸縮計を用いた地表変位測定の概念図

法が、地盤工学会で基準化（JGS 1711-2003）[3] されている。

図 3.7 は、地盤工学会基準以外の地表面水平変位測定法として、変位杭、ぬき板、GPS による方法を示している。その他デジタル画像計測やレーザースキャナー計測 [4] 等がある。図 3.8 は、地中の鉛直変位測定法の例として、クロスアーム式沈下計と多重パイプを用いる方法を示している。また、図 3.9 に示す地表面の傾斜や変動の形態に加え、図 3.10 に示す地中変位を調べる方法もある。

図 3.10 に示す固定式傾斜計は、傾斜センサーを内蔵する傾斜計と記録装置およびそれらを結ぶケーブルで構成される。傾斜計を任意の間隔で可とう管に設置して通信ケーブルで接続する。これらをボーリング孔内に埋設して地上の記録装置で地中変位を記録する。遠隔測定ができる利点を活かして、図 3.5 の地すべりの監視にも用いられた。これらは、計測条件や要求される精度、適否に応じて使い分ける必要があり、地盤工学会の基準書 [4] に詳しい。

亀裂を挟んだ両側に木杭を打ち込み、事前に切れ目を入れた変位板（ぬき板）を用いた変位測定（図 3.7(b)）は、ぬき板の相対的変位量から地表変位を測定する方法であり、早期の地盤変状を把握するための安価で簡易な方法として有効である。

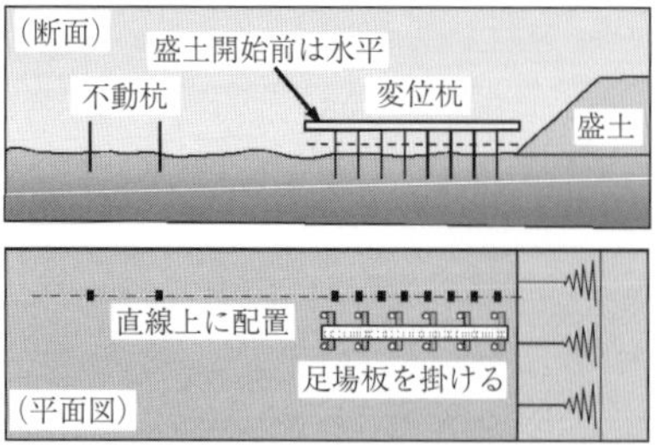

(a) 変位杭を用いた方法

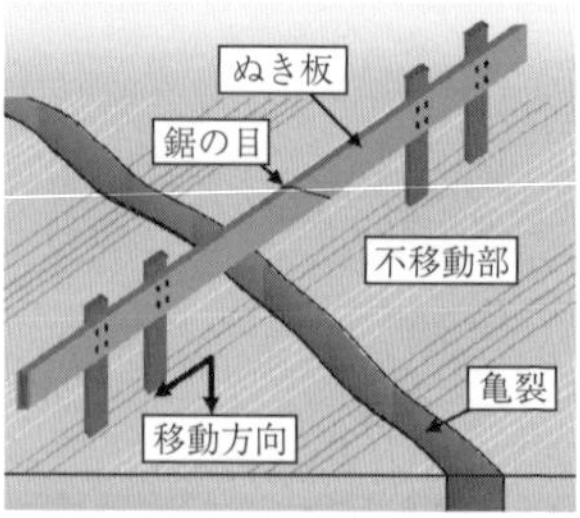

(b) ぬき板を用いた方法

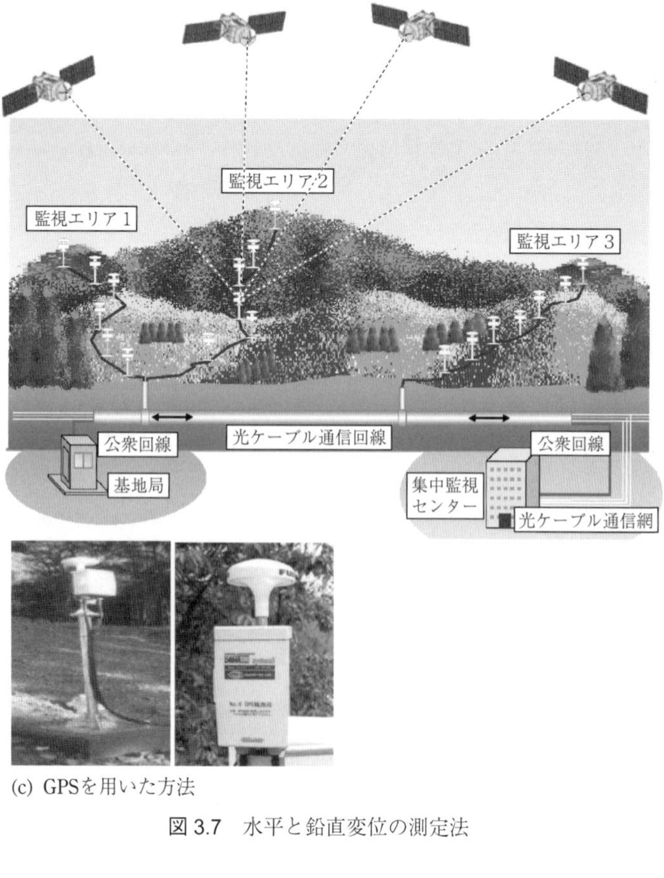

(c) GPSを用いた方法

図 3.7　水平と鉛直変位の測定法

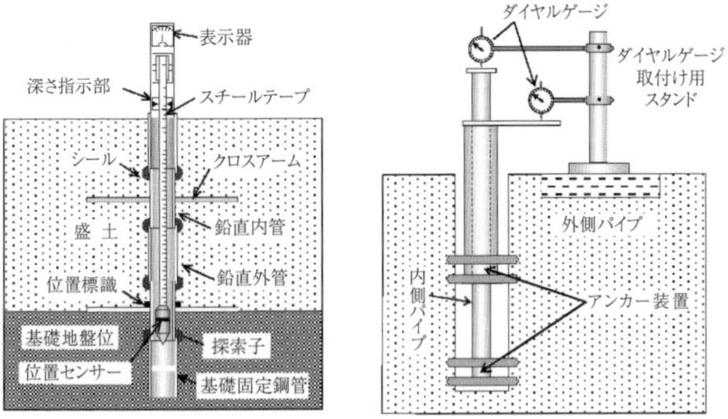

(a) クロスアーム式沈下計　　(b) 多重パイプ沈下計

図 3.8　地中の鉛直変位の測定[4)に加筆修正]

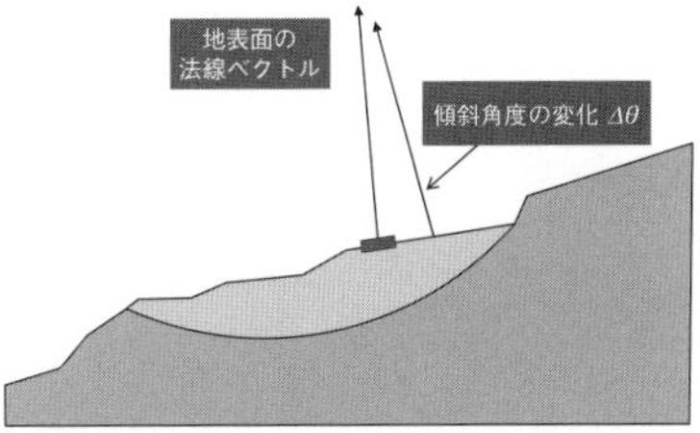

図 3.9　地表面の傾斜変動の測定例

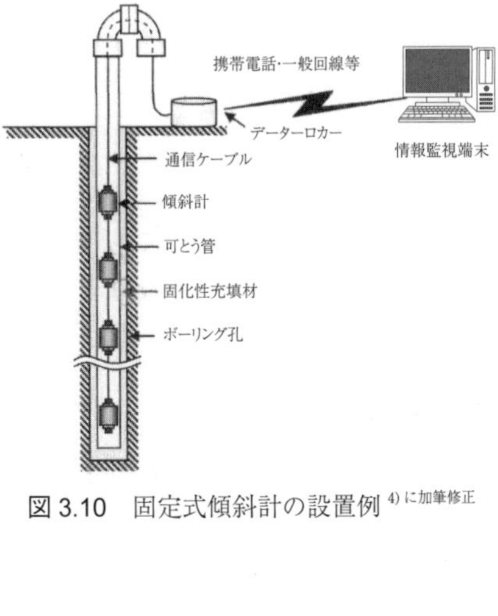

図 3.10　固定式傾斜計の設置例[4)に加筆修正]

3.2 土砂災害の分類・実態と山崩れ・地すべりのメカニズムと対策

山の斜面を土砂が移動することによって発生する土砂災害は、落石、山崩れ（崩壊）、地すべり、土石流に大別される。中村[5]は、崩壊斜面の水平長Lと移動量Dの関係から、地すべり、崩壊、土石流を図 3.11 のように区分している。この区分はLとDの関係に着目し

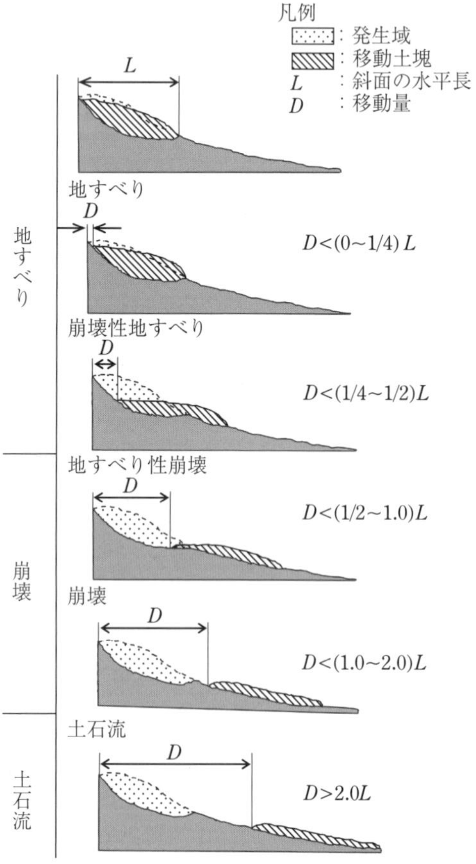

図 3.11　地すべり、崩壊、土石流の判定[5]に加筆修正

ており、斜面の高さを考慮していないが、概念的分類としてわかりやすい。これらの地盤破壊は、規模・移動速度や運動様式によって区分されるが、関係する学会等で統一的な見解がない状況である。

図 3.12 は、崩壊土量と移動速度の関係の中に地すべり、土石流、山くずれ、落石の地盤破壊を概念的に位置づけたものである。崩壊土量が多くなると移動速度は遅くなる。海外では、山崩れと地すべりの現象を Landslide としているが、我が国では明治時代の研究成果から両者を区別している。山崩れは台風や梅雨前線などの豪雨に起因した地表面の水や地震によって、塑性の小さい砂質土が脆性的に破壊する現象であり、急勾配の斜面で発生することが多い。一方地すべりは、粘性土層と地下水に起因して、特定の地盤や地質構造と力学的要因によって塑性変形的に比較的広い範囲で発生することが多い。したがって、前者の崩壊深は、数メートルから 100m 近くに達することがあるが、後者は 1 ～数 m 程度と浅く緩勾配の斜面で発生することが多いのが特徴である。

地質構造的に地すべりが発生しやすいのは、図 3.13 に示すように、(a) 背斜構造、(b) 流れ盤構造、(c) キャップロック構造等である。また、すべり面は基盤と崩積土、未風化岩と風化岩の境界、基盤岩の中の層理面（図 3.13(b)）に一致することが多い。背斜構造の一部にドーム構造がある。両者は二次元的に見れば同じであるが、ドーム構

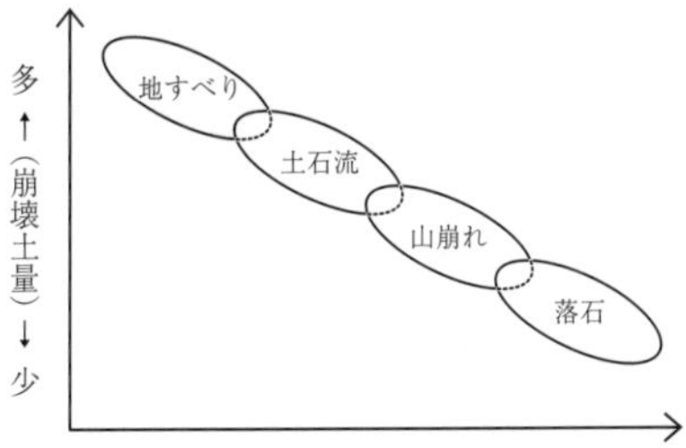

図 3.12　土砂災害の崩壊土量と移動速度の概念的関係

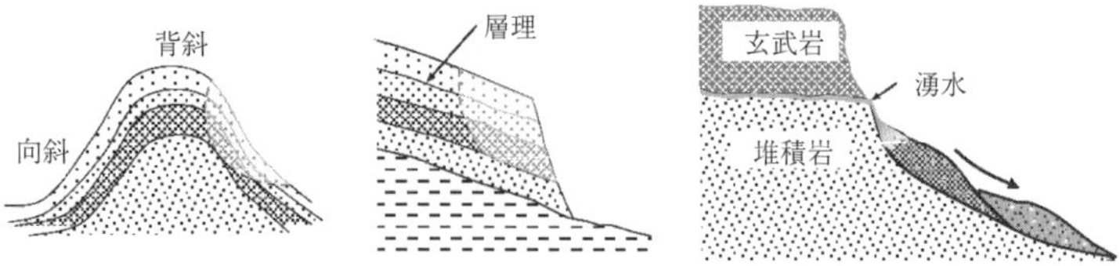

(a) 背斜構造　(b) 流れ盤構造　(c) キャップロック（平頂峰）構造

図 3.13　地すべりが発生しやすい地質構造

造は岩塩ドームや褶曲を 2 方向から受けると形成される三次元的な地質構造である。基盤岩中にすべり面が存在する場合は、図 3.14 に示す規模の大きな深層崩壊に発展することもある。

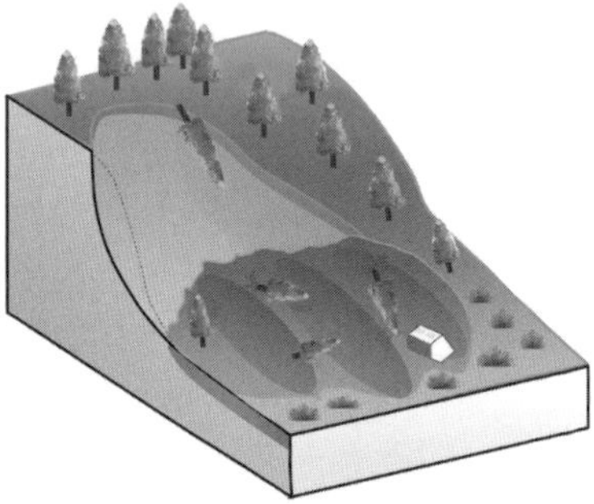
図 3.14　深層崩壊

図 3.15 は、基盤岩の地すべりの発生割合を示している。95 カ所の地すべりをまとめているが、堆積岩（56％）、変成岩（23％）、火成岩（17％）、深成岩（4％）と続く。この結果は、地すべりの発生割合の大きい岩石は、地表に近いため、強度が小さく風化が進んでいることを反映している。

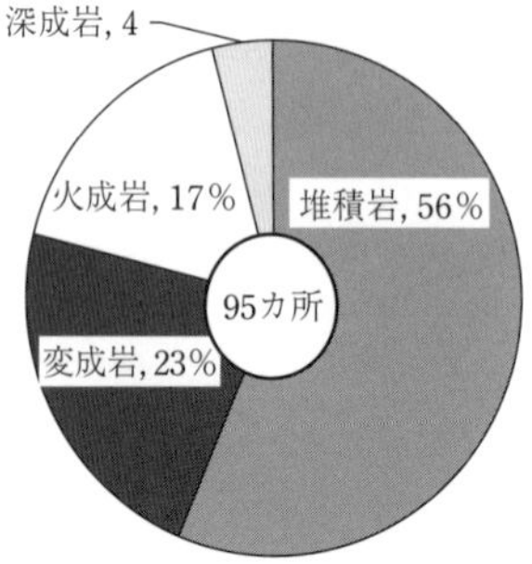

図 3.15　地すべりの発生割合（基盤岩）[5] に加筆修正

図 3.16 は、堆積岩、変成岩、火成岩を基盤とする斜面で発生した地すべりの基盤構造として、流れ盤と受け盤の割合を示している。受け盤は、図 3.17 に示すように層理面の傾斜方向が斜面の傾斜と逆の方向の地盤である。堆積岩と火成岩の場合、流れ盤

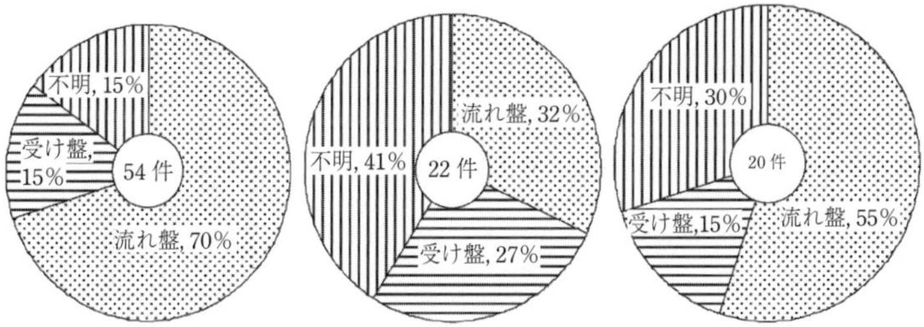

(a) 堆積岩　(b) 変成岩　(c) 火成岩

図 3.16　地すべりの基盤構造[5)に加筆修正]

が 70％と 55％を占めるが、変成岩では流れ盤と受け盤がほぼ同数の 30％程度である。現存する実斜面の形状が流れ盤が卓越していない現状から、受け盤の斜面は地震や豪雨時に多く崩壊するとの解釈[5)]もある。また、**図 3.17** に示すように岩盤中の節理は、一般的に層理に直交して発生するが、節理が連続して進展すると崩壊面になる。このような連続した節理に起因する受け盤の崩壊事例も報告されている。

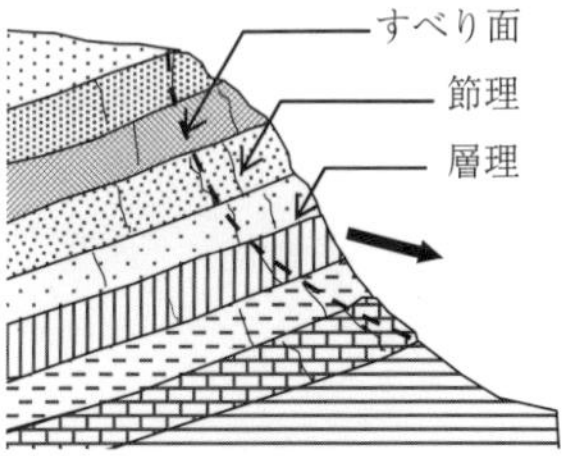

図 3.17　節理に起因した受け盤の地すべり

山崩れのメカニズムは、**図 3.2** で述べた斜面崩壊のメカニズムで概略説明できる。すなわち、活動応力は降雨の浸透によるすべり土塊の重量の増加で大きくなり、間隙水圧の増加で土のせん断力（有効応力）が小さくなり、土の強度も小さくなるのが一つのメカニズムである。他は、パイピング破壊である。**図 3.18** は山崩れにおけるパイピング破壊のメカニズムを示している。通常の雨量の場合、雨水は砂礫層中の間隙を浸潤して流れる（**図 3.18**(a)）が、豪雨の際は砂礫層中に水みちが形成され（同 (b)）、有機物や細粒土が砂礫層の間隙を閉塞する結果として、砂礫層の間隙水圧が上昇して、表層土を押し被り（同 (c)）、その下流側の表層土や砂礫層を崩壊する（同 (d)）ことになる。

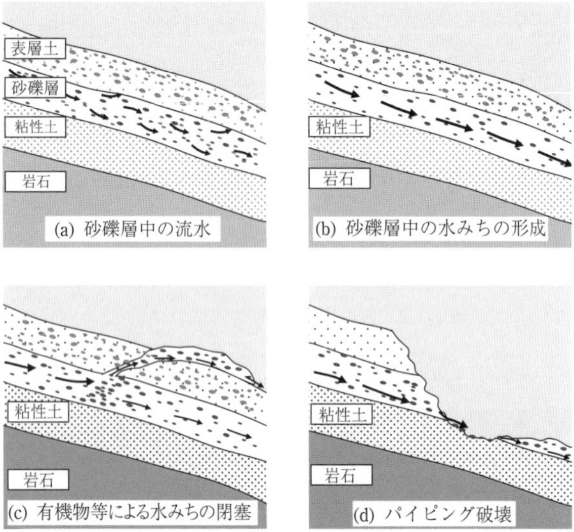

図 3.18　パイピングに起因した山崩れのメカニズム

また、地すべりのメカニズムは、せん断による部分的なすべり面が進展して地盤内に破断面（弱層）が形成され、これが繰り返されて粘土化した部分（地すべり粘土）が生成される。粘土の透水係数は、図 1.5 で述べたように、10^{-8}cm/s 程度と小さいので、地表から浸透した水は、この粘土層の上面を流れて、水を含みやすいイライトやスメクタイト等の粘土鉱物を生成して、地すべり面の中核を形成する。地すべりは、このすべり面に水が加わって、地盤が移動する現象である。

新潟県では、2004 年 7 月の豪雨災害に引き続き同年 10 月に *M*6.8 の新潟県中越地震によって、合計 112 カ所 [6] の地すべり等の地盤災害が発生した。このうちの 99 カ所に対して、災害関連緊急の砂防事業（17 カ所）、地すべり対策事業（68 カ所）、急傾斜地崩壊対策事業（14 カ所）が行われた。豪雨と地震に対する対策箇所数は、それぞれの事業に対して 11 と 6、16 と 52、7 と 7 であり、地震時の地すべりが 52 カ所と多い [6]。

図 3.19 は、これらの工事で採用された対策工を示している。また、

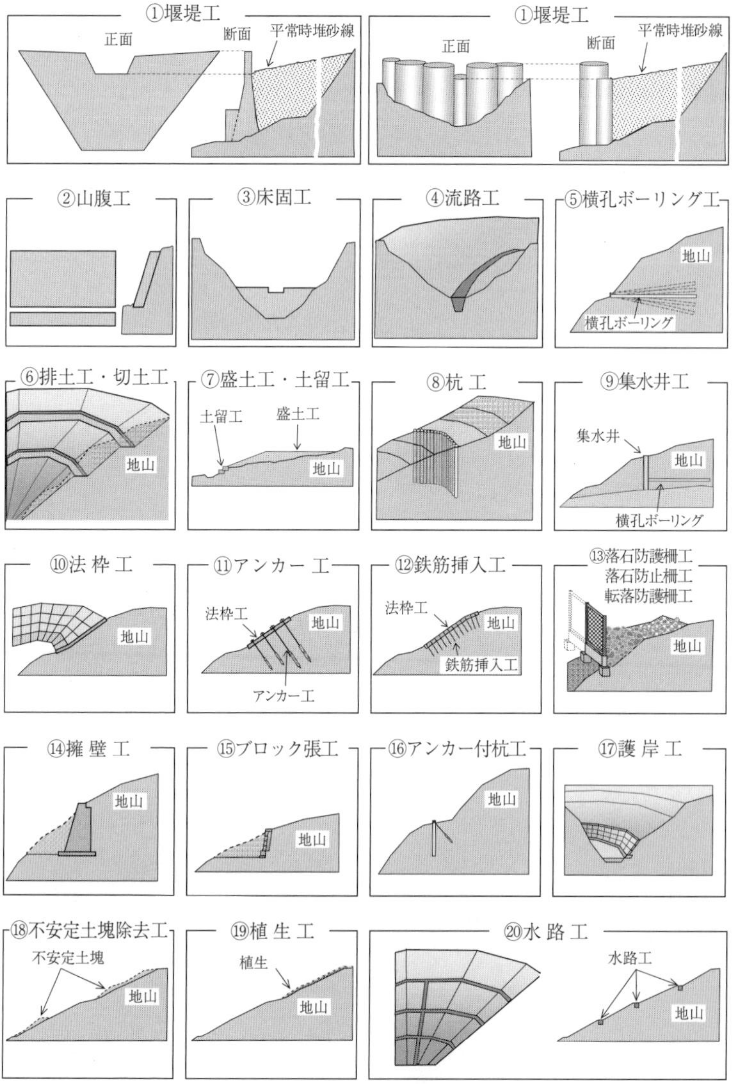

図 3.19　地すべり対策工

対策工の実態を**表 3.2** に示す。砂防事業においては、豪雨と地震に関係なく、全体の 65％程度が堰堤工であり、床固め工が豪雨で 18％、地震で 22％採用された。山腹工と流路工は 1 ～ 2 カ所の採用であった。地すべり対策と緊急砂防事業では、複数の対策工が採用されているが、盛土工・土留工が豪雨と地震で 34％と 29％と多く、横孔ボーリング工（同 25％と 18％）、排土工・切土工（同 15％と 11％）、法枠工（同 10％と 13％）と続いている。

表 3.2　砂防・地すべり対策工の実態（2004 年の新潟豪雨と新潟中越地震）（参考文献 6) から集計）

対策工	砂防事業		地すべり対策事業		緊急砂防事業	
	新潟豪雨	新潟中越地震	新潟豪雨	新潟中越地震	新潟豪雨	新潟中越地震
① 堰堤	11 (64.7)	6 (66.7)		3 (1.3)		
② 山腹	2 (11.8)					
③ 床固	3 (17.6)	2 (22.2)			7 (28.0)	
④ 流路	1 (5.9)	1 (11.1)		2 (0.9)		
⑤ 横坑ボーリング			15 (25.4)	40 (18.2)		1 (1.6)
⑥ 排土・切土			9 (15.3)	25 (11.4)		7 (11.1)
⑦ 盛土・土留			20 (33.9)	64 (29.2)	2 (8.0)	7 (11.1)
⑧ 杭			2 (3.4)	9 (4.0)		
⑨ 集水井			2 (3.4)	18 (8.0)		2 (3.2)
⑩ 法枠			6 (10.2)	30 (13.6)	6 (24.0)	16 (25.4)
⑪ アンカー			4 (6.8)	13 (5.9)	4 (16.0)	5 (7.9)
⑫ 鉄筋挿入			1 (1.6)	11 (5.0)	2 (8.0)	12 (19.0)
⑬ 落石防護柵 落石防止柵 転落防護柵					3 (12.0)	7 (11.1)
⑭ 擁壁				1 (0.5)	1 (4.0)	3 (4.8)
⑮ ブロック張						1 (1.6)
⑯ アンカー付杭				2 (1.0)		
⑰ 護岸				2 (1.0)		2 (3.2)
⑱ 不安定土塊除去						
⑲ 植生						
⑳ 水路						
計	17 件 (100％)	9 件 (100％)	59 件 (100％)	220 件 (100％)	25 件 (100％)	63 件 (100％)

3.3　土石流の特徴と対策

2000年5月から2001年2月までの地盤工学会誌の講座[7)]で、「土石流」に関する体系的な研究成果が紹介されている。本節はその内容と、それ以降の研究の動向を含めて、土石流の発生状況と形態、特徴、対策を簡潔にまとめる。

土石流は、土砂と水の混合物が急勾配の谷を流れる現象である。移動速度が速いことから、生命や財産の損失を伴う被害に加え、地域社会そのものも破壊することがある。土石流の発生や状況は、土砂を含む洪水被害として急勾配の斜面、水路、移動可能な土砂の存在等の場の条件と、降雨などによる水の供給等の外的要因の組合せの程度によって支配される。土石流という言葉が初めて使われたのは、1966年9月の台風26号による西湖の足和田村等の被害における建設省の通達であるといわれている。

（1）斜面崩壊と土石流の発生状況

図3.20は、1976年から2006年の30年間に発生した崩壊（文献8）では崖崩れと表記されている）、土石流、地すべり、雪崩による死者と行方不明者の割合を文献8)から整理して示している。この期間のすべての自然災害（暴風、豪雨、洪水、高潮、地震、津波、火山噴火、そ

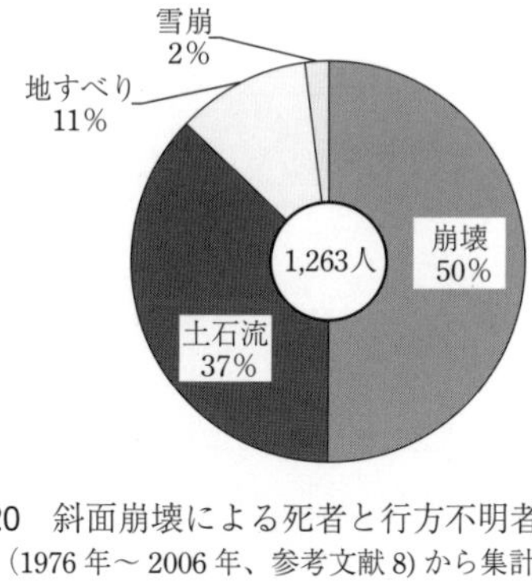

図3.20　斜面崩壊による死者と行方不明者の割合
（1976年～2006年、参考文献8)から集計）

の他の異常な自然現象）の死者・行方不明者数は、10,236 名[8]であることから、**図 3.20** の人数はすべての自然災害の中の 12.3%に相当している。2011 年東北地方太平洋沖地震の死者と行方不明者は、2013 年 6 月 10 日現在で 18,554 名（1995 年兵庫県南部地震は、同 6,437 名）であることからも、この地震被害は歴史的な国難である。**図 3.20** に示す崩壊による死者と行方不明者は、全体の 50%であり、土石流、地すべり、雪崩の総和と同数である。崩壊と土石流の人的被害は、斜面崩壊の 90%程度である。このことは、崩壊と土石流の場合には避難行動を行う時間的余裕が十分にないことも、一方でうかがえる。

表 3.3 は、2002 年から 2006 年の 5 年間に発生した土石流の件数、崩壊面積、崩壊土量を地盤種別ごとに集計している。**図 3.21** は、**表 3.3** の地盤種別による土石流の発生件数の割合を示している。火山噴出岩（30%）、古生層・中生層（23%）、花崗岩（17%）、第三紀層（14%）、第四紀層（7%）、変成岩（6%）、深成岩（2%）と続くが、**図 3.22** に示す土石流の崩壊面積は、火山噴出岩が 91%、崩壊土量では第四紀層（34%）、第三紀層（34%）、火山噴出岩（10%）となっている。一方、これらの 181 件の土石流の発生原因は、**図 3.23** に示すように、台風（46%）、梅雨前線（36%）、豪雨（14%）、地震（4%）であり、全体の 96%が雨に起因している。

表 3.3　土石流の件数、崩壊面積、崩壊土量の地盤種別ごとの内訳
（2002 年から 2006 年、参考文献 8) から集計）

地盤種別	件数		崩壊面積		崩壊土量	
	件	割合 (%)	(m^2)	割合 (%)	(m^3)	割合 (%)
花崗岩	30	16.6	565,005	2.6	480,229	6.2
他の深成岩	4	2.2	41,570	0.2	58,870	0.8
火成噴出岩	55	30.4	19,738,306	91.2	755,182	9.7
変成岩	10	5.5	152,048	0.7	573,425	7.4
古生層·中生層	41	22.6	354,438	1.6	580,098	7.4
第三紀層	25	13.8	480,145	2.2	2,660,059	34.1
第四紀層	13	7.2	317,095	1.5	2,663,940	34.2
他	3	1.7	9,500	0.0	16,000	0.2
計	181	100	21,658,107	100	7,787,803	100

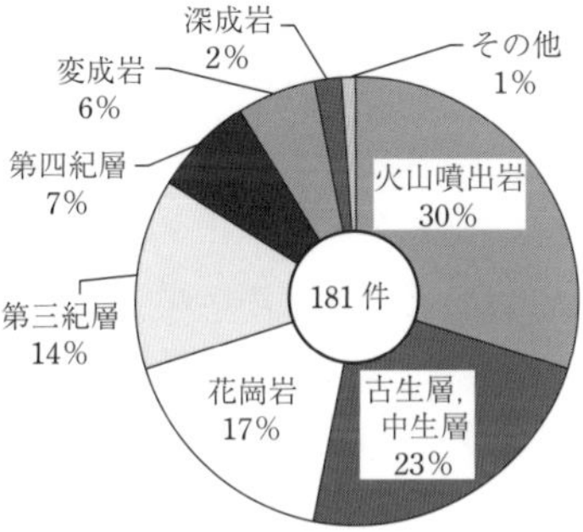

図 3.21　土石流の発生件数の地盤種別の割合
（2002年から2006年、参考文献8）から集計）

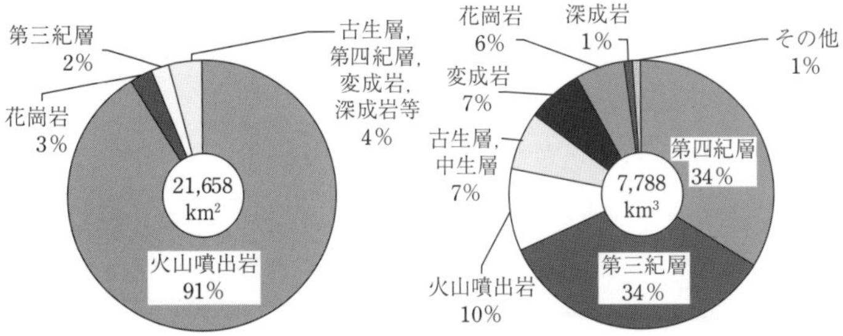

(a) 崩壊面積　　(b) 崩壊土量

図 3.22　土石流の崩壊面積と土量の内訳
（2002年から2006年、参考文献8）から集計）

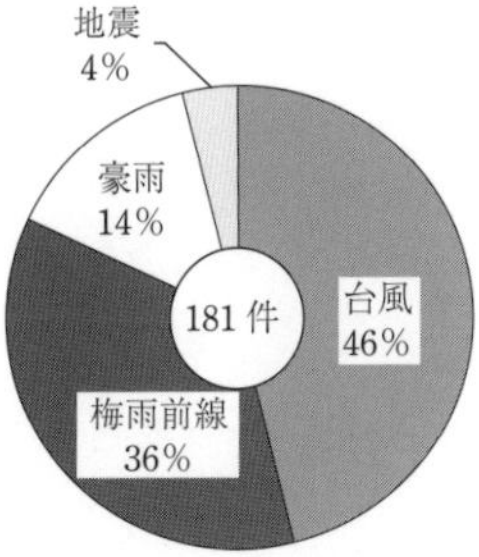

図 3.23　土石流の発生原因
（2002年から2006年、参考文献8）から集計）

（2）土石流の発生形態

土石流の発生形態は、水山[9]が以下のようにまとめている。

① 山腹斜面に崩壊が発生して、谷に堆積していた土砂（渓床堆積土砂）を取り込んだ土石流。

② 崩壊土砂が谷をせき止め、天然ダムを形成して、これが決壊する際の土石流。

③ 大雨や地震に起因して発生した比較的規模の大きな崩壊の土石流。

④ 火山噴火で新しく山腹斜面に堆積した土砂が降雨時に侵食されて発生する土石流。これは、火山泥流（ラハール）と呼ばれることがある。

また、水の供給による土石流の発生形態は、同様に水山[9]が以下のようにまとめている。

⑤ 梅雨末期の集中豪雨や台風に伴う降雨強度の大きい豪雨によって発生する土石流。

⑥ 火山噴火時に火砕流が発生して山頂付近の雪氷、氷河を急激に融解して発生する土石流。

⑦ 火口湖が噴火で溢れる土石流。

⑧ 急激な融雪によって発生する土石流。

⑨ 氷河湖の決壊による土石流。

⑩ ダムの決壊による土石流。

⑪ 地すべりや雪崩がダムや湖に落下して水が大量に溢れる際に発生する土石流。

地すべりや斜面崩壊と異なり、土石流の流動に関する特徴は、土石流の発生形態や水の供給の多様さに起因して数多く挙げることができる。諏訪ら[10),11),12]は、それらの代表的なものを示しているが、以下それを要約する。

① 土石流による被害は、土石流のピーク流量と総流出量（体積）に大きく影響を受けるが、これらの値の推定は災害対策のため

の計画にも必要になる。焼岳上々堀沢（1985 年 7 月 21 日）の土石流の縦断形状を図 3.24 に示す。また、この土石流の最大粒径、流量、表面流速、流動深（土石流の深さ）を時刻に対して図 3.25 に示す。流動深は先端で大きく、先端からの距離とともに小さくなるが、先端と表層部に粒径の大きな石礫が集中していることが図 3.24 から読み取れる。また、図 3.25 からは図 3.24 の土石流に関する最大粒径、流量、表面流速、流動深の定量的な時間変化が明瞭である。これらの値は、流れの先端から尾部にかけて大きく変化するが、一つの土石流の中でも複数の段波（サージ）が発生している。

② 渓床堆積物内にすべり面が発生するような急勾配下では、波高（土石流先頭部の流動深）が大きくなるが、急勾配でない場合は、ほぼ一定の流動深で流下する。

③ 土石流に取り込まれた大きな石礫は、渓床との摩擦により深部に留まることができないために、流れの表面に移動する。また、我が国の立木の密度は小さいため、流れの表面に移動する。渓床との摩擦が少ない表面部は流速が大きいために、大きな石礫や木は流れの先頭部に送られる。

④ 巨礫や木の集中する先頭部の破壊力が大きいのが土石流の特徴であるが、先頭部の継続時間は 10 秒オーダーと短く、その後、後続流と呼ばれる泥流が数十分間ほど続き、徐々に流量が減少する。

⑤ 土砂の量は、先頭部より後続流の方が多い。また、一つの土石流の中で図 3.25 に示すように複数のサージが観測されることがあるが、これは上流部の崩壊発生や谷地形等に対応していると考えられている。

⑥ 土石流扇状地は、渓床勾配が減少して谷の幅も広くなる谷の出口部に形成される。この場合、土石流は谷の出口部で減速して堆積する。谷の出口付近の勾配は、10° 程度が多く、土石流土砂の石礫分は渓床勾配が 3° 程度までの区間に停止することが多い。

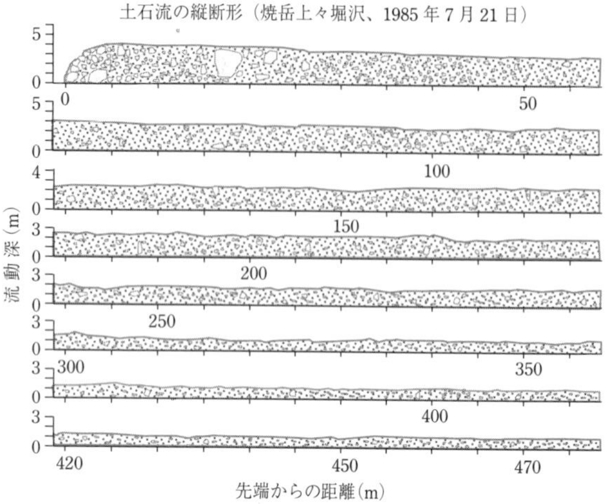

図 3.24　土石流の縦断形状と石礫の分布 [10)]に加筆修正

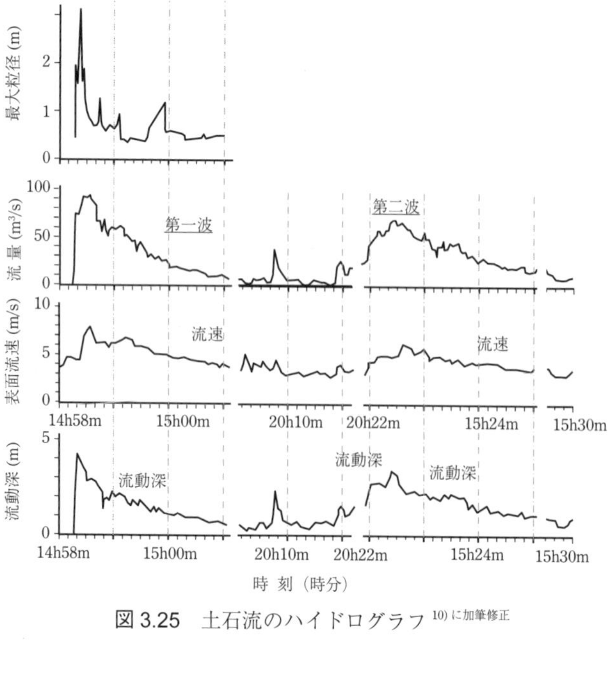

図 3.25　土石流のハイドログラフ [10)]に加筆修正

⑦　同一の土石流であれば、傾斜の大きい上流部で先端流速が大きいが、礫分の多い流れ（石礫型土石流）の場合、谷の出口付近の土石流の流速は、毎秒数メートル程度である。一方、泥分の多い土石流（泥流型土石流）の場合には、流速は土石流の含水比によって大きく異なるが、毎秒 20m（毎時 72km）程度になることもある。谷や流路の中でこのような速度の土石流に遭遇すると、逃げ切ることは困難である。第 1 波のサージによる遭難者の捜索隊が第 2 波のサージで二次災害に遭遇することがある。

⑧　**図 3.26** は、上々堀沢の土石流の流量と地盤振動の加速度振幅を時間に対して示している。流量と地盤振動の加速度振幅のピークは、良く対応している。また、いくつかのサージは、流量規模に加え、サージとサージの時間間隙が同様である。このような挙動は、中華人民共和国の蒋家溝の土石流でも確認されている[12]。

⑨　**図 3.27** は、摩擦速度 u_{c} に対する先端流速 V_{f} で示す流速係数と土砂の 50%粒径 d_{50} に対する流動深 h の比である相対水深の関係を示している。**図 3.27** には蒲原沢の後続の小規模土石流、上々堀沢と蒋家溝の結果がプロットされている。流速係数と相対水深の間には、

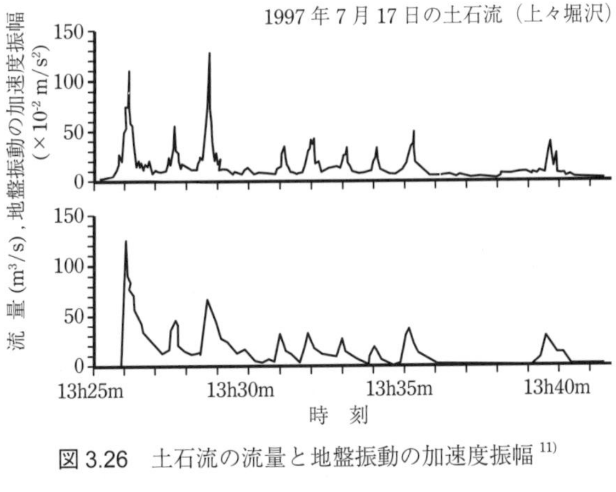

図 3.26　土石流の流量と地盤振動の加速度振幅[11]

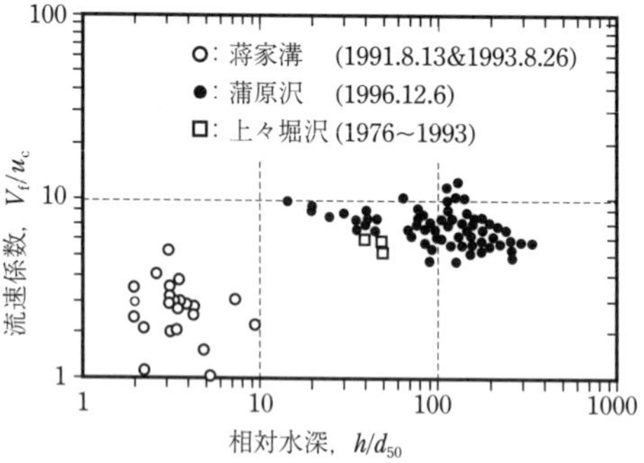

図 3.27　流速係数と相対水深（上々堀沢、蒲原沢、蔣家溝）[10)] に加筆修正

正の関係があることから、流速係数が大きいと、同じ粒径下で流動深が大きくなることを示している。また、石礫型の土石流である蔣家溝（○）は、流速係数と相対水深がともに小さいのに対し、泥粒型の蒲原沢（●）と上々堀沢（□）はともに大きい。すなわち、土石流の平均粒径が大きくなると、土石流の含水比が小さくなるため流速が小さくなる。逆に粒径が小さくなると含水比が大きくなり、流速が大きくなることが図 3.27 から読み取れる。

（3）土石流の発生原因と実態

土石流の発生は図 3.23 で述べたように、96%程度は水に起因するが、その内でも台風と梅雨期の降雨が全体の 82%を占める。また、災害として確認された土石流に対し、それを発生させた最大時間雨量と連続雨量の関係を図 3.28 に示す。連続雨量 900mm、最大時間雨量 120mm/h までの雨量が大部分であるが、両者の間には特定の関係は見られない。

図 3.29 は、1972 年から 1977 年の間に発生した土石流の発生箇所、流下箇所、堆積部の各勾配のヒストグラムを示している。土石流は 20°～70° 程度の勾配で発生して、20° 程度以下の勾配で堆積している。そして、土石流発生後の斜面勾配は、30°～52° 程度になる。

図 3.30 は、災害を発生させた土石流の崩壊土量と面積の関係である。両者には正の関係があるが、崩壊土量は 10^2 ～ $10^6 m^3$ の範囲に

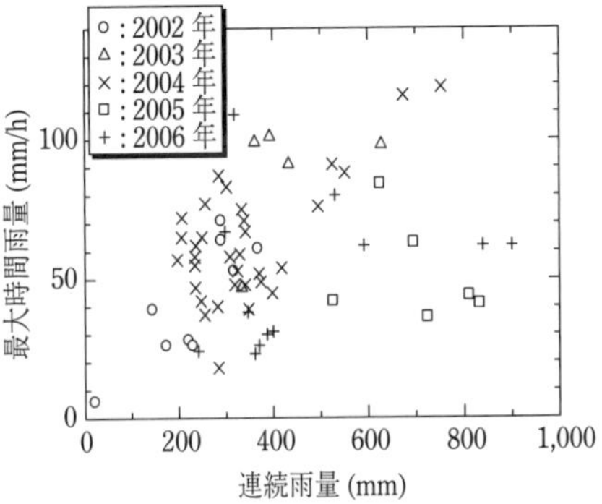

図 3.28　土石流の最大時間雨量と連続雨量の関係
(2002 年から 2006 年、参考文献 8) から集計)

あり、平均値は $10^4 m^3$ 程度である。一方、崩壊面積は 10^2 ～ $10^6 km^2$ の範囲にあり、平均値は $10^4 km^2$ 程度である。2002 年から 2006 年の間に測定された土石流[8] の崩壊土量と面積の総計は、7,789,483m^3 と 4,006,646m^2 であるが、**図 3.31** は崩壊土量と堆積土砂量の関係である。両者の間には正の関係があるが、第三紀、第四紀、その他の崩壊土を除いて、この関係に岩種や堆積層は影響していない。

土石流が発生すると渓床上に堆積していた土砂は、土石流発生後に供給される水で侵食されて流出する。その侵食深（渓床堆積物の厚さ）は、地質に関係なく 1 ～ 2m である。**表 3.3** を見ると、崩壊土量は第三紀と第四紀が 68％を占めるが、崩壊面積は火山噴出岩が 91％（崩壊土量は 9.7％）と多い。

（4）土石流対策と法律

土石流対策としては、一般にハードとソフトがある。前者は砂防ダム、導流堤、流路工（水路）等の構造物による方法である。一方、後者は構造物やその強化によらない土地利用の適正化や避難等の方法である。土石流対策は、法律的には、砂防法と森林法に基づいて規模の大きい事業は国土交通省と農林水産省が担当し、それ以外は都道府県によって実施されている。治山事業については、国有林は国、民有林

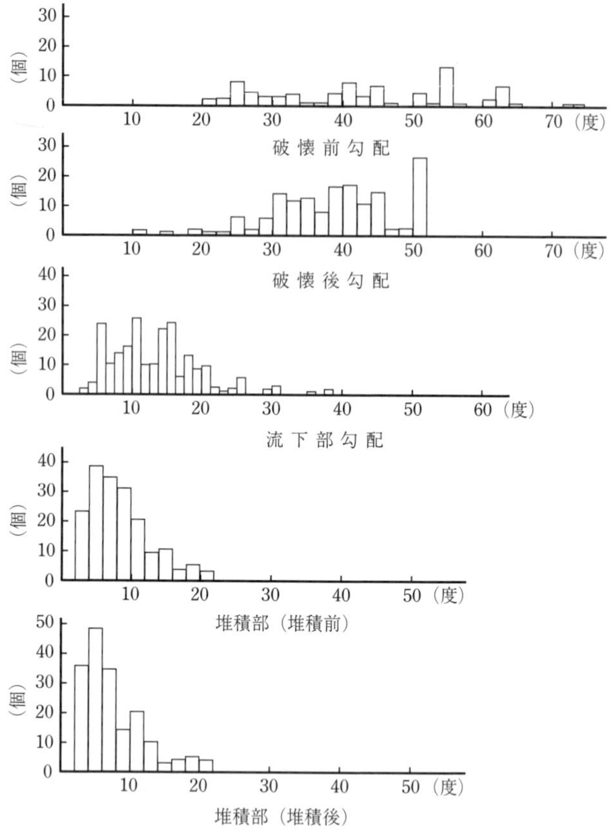

図 3.29　土石流の発生箇所，流下箇所，堆積部の勾配[13]

は都道府県が担当している。

土石流を含む土砂災害の現象と特徴に加え、各法律（工事）名と法律制定の背景を**表 3.4** に示す。国土の変遷による災害形態の変化に対応するように法律が整備されてきた。**口絵写真**②は、**口絵写真**①に示す項目で規格・基準や法律の改正に影響を与えた災害・事件等を抽出して同じ色で示している。これらの**口絵写真**から判断される特徴は、

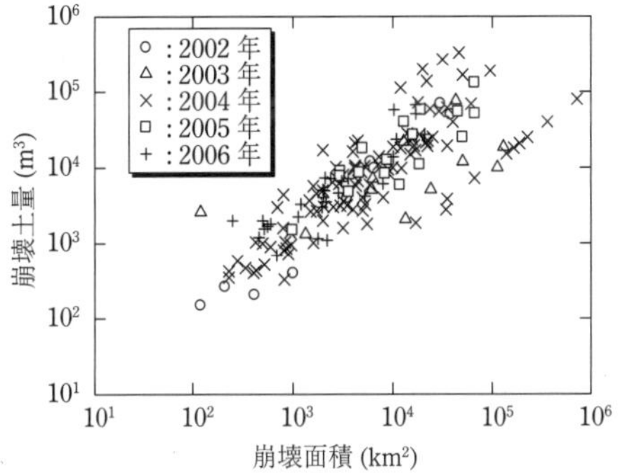

図 3.30　土石流の崩壊土量と崩壊面積の関係
（2002 年から 2006 年、参考文献 8) から集計）

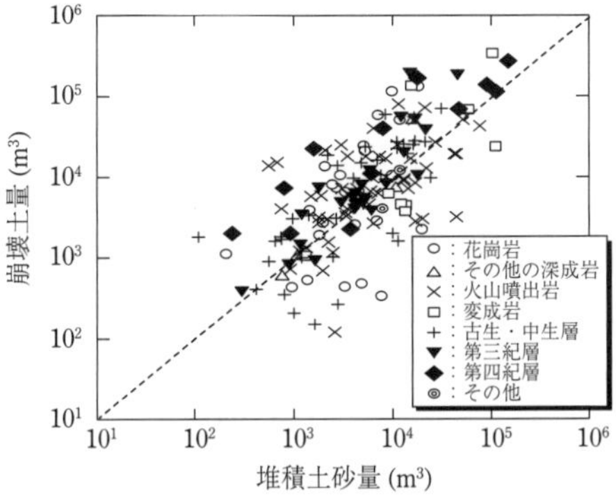

図 3.31　崩壊土量と堆積土砂量の関係
（2002 年から 2006 年、参考文献 8) から集計）

以下のように要約できる。

① 1990 年以降は、自然災害、事故が頻発している。これに呼応して法律、行政、規格・基準も整備されている。また、この動きは地盤工学会の関連委員会や学会誌特集号、シンポジウムにも反映されている [14]。

② 大地震や大水害に対応する法律の改正は、災害から１～２年

表 3.4　土砂災害の分類と法律制定の背景

土砂等の災害	法律（工事）名	現象と特徴	法律制定の背景等
地すべり	地すべり等防止法（1958 年）（地すべり防止工事）	「地すべりとは，土地の一部が地下水等に起因して滑る現象，またはこれに伴って移動する現象（第 2 条）」。地下水を誘因として緩斜面に繰返し発生して，地すべり地形を形成して耕地として利用される。粘土鉱物は水を含みやすいスメクタイトやイライトが多い。	戦争で荒廃した国土に相次いで大きな地すべりが発生して，その規模が大きく，地方自治体で復旧工事が対応できないため，法律によって災害と決めて国費で対応するようにした。
崖崩れ	急傾斜地の崩壊による災害の防止に関する法律（1969 年）（急傾斜地崩壊防止工事）	急傾斜地における主に岩石の崩壊現象で，豪雨によって地表面から発生する。代表的な粘土鉱物は水を含みにくいカオリナイトが多い。	「地すべり等防止法」の制定後に，傾斜が 30° 以上の斜面の崩壊に対応できるようにした。
山崩れ，土石流	砂防法（1998 年） ・砂防事業；国土交通省 ・治山事業；農林水産省	「土石流による労働災害防止のためのガイドライン」には，土石流の定義は以下のように示されている。「土砂又は巨れきが水を含み，一体となって流下する現象」	蒲原沢で発生した土石流（まえがきの表 1 の No.33）の重大災害を契機に，土石流による労働災害の防止対策に関連して，改正時（1998 年）に「安全衛生法」に追加された。
雪崩	（雪崩防止工事）	山腹に積もった雪が重力の作用によって，斜面を崩れ落ちる現象。厳冬期に多く起きる表層雪崩と春先に起きる全層雪崩がある。前者は速度が速く破壊力が強大で被害範囲も広くなる。	「豪雪地帯対策特別措置法」第 2 条の規定で指定された豪雪地帯で都道府県が中心になって集落保護を目的に雪崩防止工事を行っている。

後に迅速に施行されているが、「構造計算書偽装問題発覚（まえがきの**表 1**、No.52 (2005 年)」の事件を受けて、「公共事業の品質確保の促進に関する法律（2005 年）」と「住宅瑕疵担保履行法(2009 年)」に結びついている。社会・経済状態の変遷を含む分析は文献 14) に詳しい。

ハード対策としての砂防ダムは、生態系の連続性や海岸線の後退等の自然環境保全の観点から、開口部を持たない従来のダムから、常時や中小レベルの出水時の土砂を通過させて、異常出水時に土石流を捕捉する土石流対策工が採用されることが多い。底面水抜きスクリーン工や鋼製透過型砂防ダムは、その代表であるが、本書では紙幅の制約でその記述を避けて、専門書として参考文献 15) の紹介に留めたい。

3.4　河川堤防やダム堤体の破壊メカニズムと対策

図 3.32 は、河川堤防やアースダム堤体の代表的な破壊タイプを示している。同図には、越流、すべり、パイピングの例を示しているが、その他、ボイリング、ヒービング、侵食、崩壊による破壊がある。

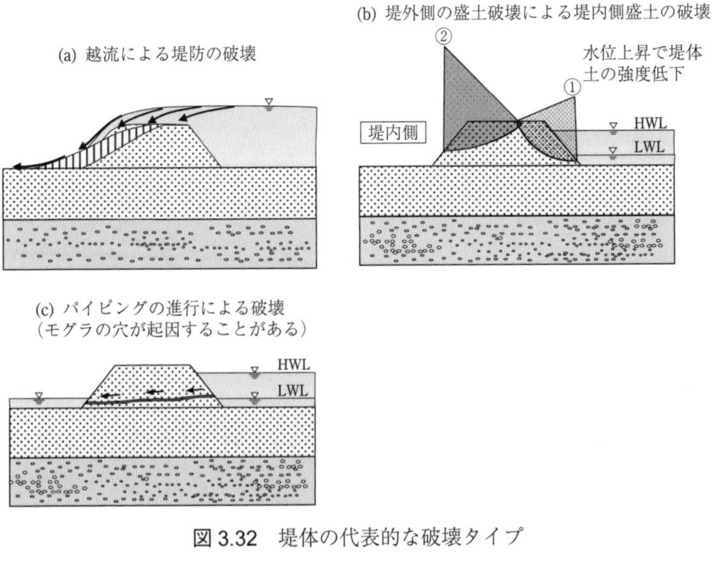

図 3.32　堤体の代表的な破壊タイプ

（1）越流による堤体の破壊

堤体の天端を超える河川水の越流によって、図 3.32(a) に示すように法肩や堤内側の法面から堤体土が流失して堤体が決壊するタイプである。破堤までの経緯は以下のように解釈される。

① 降雨浸透によって堤体の飽和度が高くなる（図 3.33(a)）。

② 河川水位が上昇して、越流を始める。堤内地の砂礫層上の表層が粘性土であればヒービング、砂質土であればボイリングが発生する可能性がある（図 3.33(b)）。

③ 越流水深が大きくなると、越流水によるせん断力（掃流力）が大きくなり、堤体の強度の小さくなった堤内側の法尻部を洗掘する（図 3.33(c)）。

④ 堤内側法尻部の洗掘が進むと、越流による侵食過程の中で堤内側の法肩も崩壊する（図 3.33(d)）。

⑤ 堤防天端が流失して堤体侵食が進行して破堤する（図 3.33(e)）。

⑥ 堤体流失後も河川敷と堤内地の水位差により、堤体下の地盤も洗掘される（図 3.33(f)）。

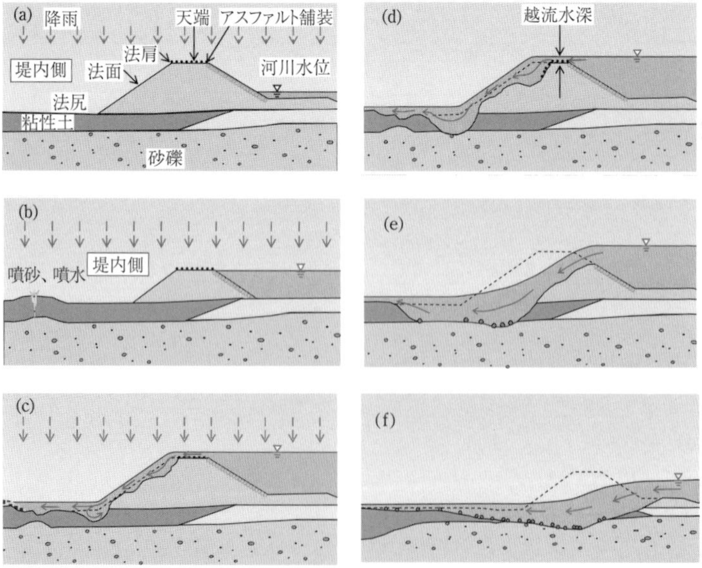

図 3.33　越流による堤防破壊のメカニズム

天端がアスファルト等で舗装されていない場合は、降雨や越水が堤体に浸透して破壊を助長する。越水による洗掘破壊に対する安定性の検討は、越流域の堤体の表面状態（アスファルト、芝、裸地等）や構造（法面の傾斜角等）から求める流水によるせん断力と堤体表面状態のせん断耐力を用いて検討される[16)]。また、**図 3.33(b)** から (f) の過程においては、水を含んで重量が大きくなった堤体が越流水による表面侵食によって、土塊状に“崩壊”を繰り返して破堤することもある。

図 1.5 に示したように、土は個々の土粒子から構成されているため、水の洗掘に対する抵抗が小さく、2004 年の新潟豪雨の際の河川堤防の決壊の多くがこの越流タイプである[17)]。また、**カバー・左下段の写真**に示す兵庫県円山川の堤防決壊（2004 年）は、越流侵食や浸透破壊が複合的に発生した[18)]と考えられている。越流タイプの崩壊に対しては、堤体の耐侵食機能を強化することが重要である。すなわち、上述の堤体の流水によるせん断力の向上や法尻部の根固めと天端を含む堤内外の 3 面のコンクリート張りが有効である。**4.5** 節で述べる津波の波力や法面を急速に流下する際の吸い上げ力に対抗するため、これらの法面工と堤体土の一体化の必要性が指摘されている[19)]。常時の備えとして、越流を防ぐための河道整備等による流下態力の増大や遊水地の整備が必要であるが、豪雨時の緊急越流対策としては、天端に土嚢を積む堤体の嵩上げが常套手段として有効である。

（2）すべりや崩壊による堤体の破壊

堤体の間隙水圧は、河川水位の上昇に伴い大きくなる（堤体土の強度低下）が、**図 3.32(b)** に示すように、河川水位の上昇によって堤外側の堤体土の有効応力と強度の低下に加え、荷重としての土の重量増加に起因したすべりや崩壊による破壊が発生する。このような堤外側の破壊の結果として堤内側の法面も破壊して堤防が決壊する場合である。法面工の状態によって堤体への浸水や強度変化の状況が異なるので、堤内外の破壊の順序も変化するが、すべり破壊に対する安全率 F_s の計算は、**図 3.34** に示す全応力法による式 (3.2) が文献 20) に示されている。

$$F_s = \frac{cl + (W - ub) \cdot \cos\alpha \cdot \tan\phi}{W \cdot \sin\alpha} \tag{3.2}$$

ここで、

u：すべり面の間隙水圧（kPa）

W：分割片の土の重量（kN）

c：すべり面に沿う土の粘着力（kN/m^2）

l：円弧の長さ（m）

ϕ：すべり面に沿う土の内部摩擦角（°）

b：分割片の幅（m）

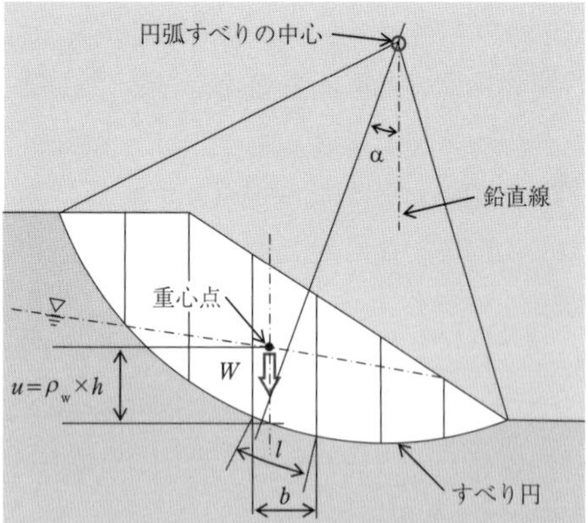

図 3.34　円弧すべり法による安定計算法

豪雨時の越流対策として土嚢を設置する場合、図 3.32(b) に示すすべり破壊の荷重として作用しない位置を見極めることが必要である。

（3）パイピングの進行による堤体の破壊

2.4 節で述べたように、浸透水（浸透力）によって土粒子が流出して、堤体や基礎地盤に形成されるパイピングの進行による堤防の決壊である（図 3.32(c)）。パイピングに対する安定性照査に必要な局所的な動水勾配は、浸透流計算の結果から得られる節点間の全水頭差 ψ をもとに、堤内地側の法尻近傍の基礎地盤について、図 3.35 と式 (3.3) によって計算されている。

$$
\begin{aligned}
i_{\mathrm{v}} &= \frac{\Delta\psi}{d_{\mathrm{v}}}\ (\text{鉛直方向}) \\
i_{\mathrm{h}} &= \frac{\Delta\psi}{d_{\mathrm{h}}}\ (\text{水平方向})
\end{aligned}
\qquad (3.3)
$$

ここで、 i_{v}：鉛直方向の局所的な動水勾配

i_{h}：水平方向の局所的な動水勾配

$\Delta\psi$：節点間の全水頭差

d_{v}：節点間の鉛直距離

d_{h}：節点間の水平距離

γ_{w}：水の密度（$1\mathrm{g/cm^3}$）

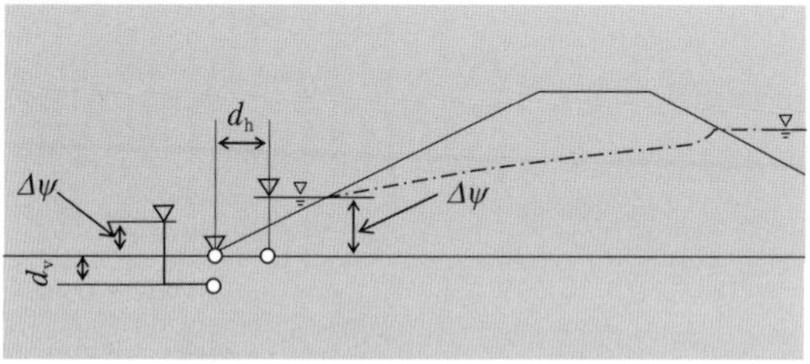

図 3.35　局所動水勾配の定義

また、堤内地地盤の表層が粘性土で被覆されている場合には、式 (3.4) によってその安定性を考慮することが多い。

$$
\frac{G}{W} = \frac{\rho H}{\rho_{\mathrm{w}} P} > 1.0 \qquad (3.4)
$$

ここに、 G：被覆層の土被り圧（$\mathrm{kN/m^2}$）

W：被覆層底面に作用する揚圧（$\mathrm{kN/m^2}$）

ρ：被覆層の単位体積重量（$\mathrm{kN/m^3}$）

H：被覆層の厚さ（m）

ρ_w：水の単位体積重量（kN/m^3）

P：被覆層底面の圧力水頭（全水頭と位置水頭の差）（m）

パイピングはモグラやミミズの穴が原因となることがある。米国のティートンダム（Teton Dam）の決壊（1976年）は、パイピングが原因で漏水を確認した2日後に堤高93m（堤頂長930m）のロックフィルダムが決壊して、下流に甚大な被害を与えた。また、オランダは国土の約25％が平均海潮面より低い。ハンス少年が堤防の土手の小さな孔から濁り水が出ているのを見つけ、この孔を塞いだことで、パイピングの進行を止め、堤防の決壊を防いだ物語は、オランダ国土を維持するための堤防の重要性とパイピングの恐ろしさを示す話としてよく知られている。

日常からの堤防の監視と管理に加え、洪水時の効果的な水防活動の一つとして、パイピングにつながる穴や堤体の変状調査の実施が不可欠である。

（4）河川からの浸透圧によるボイリング（ヒービング）破壊

河川からの浸透圧によるボイリング（砂質土）やヒービング（粘性土）に起因する堤体の破壊である、図3.33(b)に示すように、堤体の基礎地盤が砂礫層の上に砂や粘性土が堆積している場合に発生しやすい。越流を含む他の破壊パターンが複合的に同時に発生することもある。

（5）河川水による堤体の侵食

河川水が堤体を直接侵食して、堤防の決壊につながる場合である。河川湾曲部の外岸側の水衝部、支流と本流との合流部や橋梁の取付け部等の水量や流速が大きくなる箇所で発生することが多い。

以上のような堤防の決壊タイプは、河川の形状や地形によっても異なる。2004年の福井豪雨で被災した上流域の河川の決壊が詳しく調査[21]されている。これらの河川は、谷底平野を流れ、大部分の河道が掘込みの状態であった。したがって、集中豪雨により河川水位が急激に上昇し、河川水の流下能力を超えた洪水が谷筋と谷底平野の広い範囲で溢水して、冠水した[21)]との報告がある。この報告書は、河川水の流れと堤防を図 3.36 のように分類して、この豪雨による堤防の被災状況を、以下のようにまとめている。

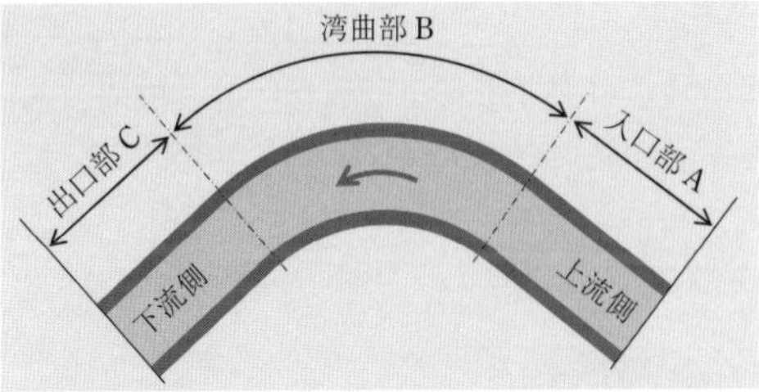

図 3.36　河川水の流れと堤防各部の分類[21)]に加筆修正

① 岸と堤防の 50％は湾曲部の外岸で被災しており、内岸の被害は 33％、直線部は 17％である。また、外岸と内岸を合わせた湾曲部の被害は 80％以上である。

② 湾曲部の外岸の被害の 62％が出口部 C の被害であり、入口部 A の被害は 15％である。

③ 湾曲部の内岸の被害は、入口部 A が 44％、湾曲部 B が 40％であり、出口部 C の被害は 16％である。

また、外岸と内岸の被害原因を堤防の位置ごとにまとめて、以下の結論[21)]を導いている。

④ 全体的には、側岸侵食による破壊が 50 ～ 70％である。

⑤ 側岸侵食以外の被害原因は、外岸では河床洗掘の割合が高く、内岸では天端破壊が多い。

⑥ 入口部 A の被害箇所は、外岸と内岸に共通して天端破壊の割合が高くなる。

⑦ 湾曲部 B の被害原因は、外岸と内岸に共通して側岸侵食が 70％を占める。また、外岸では河床洗掘から側岸侵食、内岸は

天端破壊から側岸侵食が多い。

⑧　直線部の被害原因は、天端破壊が占める割合が比較的に多い。

また、**図 3.37** は、同豪雨による河川の湾曲角度と被害割合を示している。湾曲角度が 50° までは、被災事例の割合は角度に比例するが、50° 以上の割合が減少するのは、実在河川の割合を反映していると、この報告書[21)]は分析している。一方、1974 年 7 月の台風 8 号と梅雨前線による淡路島の新川と宝珠川の被災率は、湾曲角度に伴い大きくなり、特に外岸部の被災率が大きかったことが報告されている[22)]。

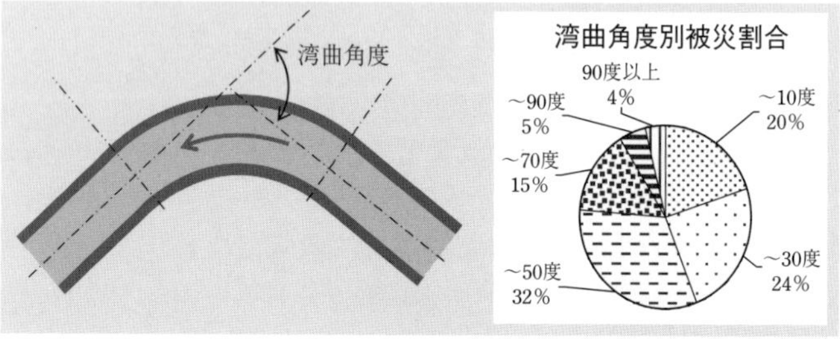

図 3.37　湾曲角度別被災割合[21) に加筆修正]

山間部の中小河川沿いの道路は、護岸を兼ねることが多い。谷地の盛土は地形を反映して豪雨時に間隙水圧の上昇が大きく、地盤材料のせん断強度（有効応力）の低下による被害の原因となる。緊急避難経路となる道路や重要護岸は、災害に強い護岸として整備することが望まれることをこの報告書 21) は指摘している。

参考文献

1)　株式会社興和提供
2)　高橋禄郎：両津市片野尾地区の地すべり災害報告、Journal of the Japan Landslide Society、Vol.40, No.1、pp.88、2003.
3)　地盤工学会：変位杭を用いた地表面変位の測定法、JGS 1711-2012、地盤調査の方法と解説、pp.827-832、2013.
4)　地盤工学会：第 10 編 現地計測、地盤調査の方法と解説、pp.823-996、

2013.
5) 中村浩之：技術者の疑問に答える 地すべり・崩壊、総合土木研究所、2011.
6) 新潟県土木部砂防課：平成 16 年新潟県・土砂災害復興記録集～ 7.13 新潟豪雨災害 10.3 新潟県中越大震災～、141p、平成 19 年 3 月.
7) 土と基礎、講座 土石流、Vol.48, No.5 ～ Vol.49, No.2、2000 ～ 2001.
8) 国土交通省河川局砂防部監修：砂防便覧、全国治水砂防協会、平成 20 年版、2008.
9) 水山高久：土石流、1. 講座を始めるにあたって、2. 土石流の概要、土と基礎、Vol.48, No.5、pp.53-58、2000.
10) Suwa, H., Okuda, S. and Miyamoto, N.：Deblis flows and topographic change in a valley on the Yakedake volcano, Japan, Proc. Kagoshima Int. Conf. on Volcanoes, Kagoshima, pp.650-653, 1988.
11) 諏訪浩・山崎隆雄・佐藤一幸：地震振動計測による土石流の規模推定、砂防学会誌、Vol.52, No.2、pp.5-13、1999.
12) 諏訪浩：土石流、4. 土石流の観測事例、土と基礎、Vol.48, No.7、pp.41-46、2000.
13) 池谷浩・水山高久：土石流の流動と堆積に関する研究、土木研究所報告 57 号、建設省土木研究所、pp.88-153、1982.
14) 正垣孝晴・西田博文・大里重人・笹倉剛・中山健二・伊藤和也・上野誠・外狩麻子：地盤工学におけるリスクマネジメント、4. 自然災害・法令・社会情勢等の変遷と地盤リスク、地盤工学会誌、Vol.59, No.9、pp.77-84、2011.
15) 国土交通省国土技術政策総合研究所：土石流・流木対策設計技術指針解説、2007.
16) 国土交通省河川局治水課：河川堤防設計指針、2007.
17) 7.13 新潟豪雨洪水災害調査委員会、7.13 新潟豪雨洪水災害調査委員会報告書、72p、2005.
18) 国土交通省豊岡河川国道事務所、円山川堤防調査委員会報告書、57p、2005.
19) 地盤工学会：地震時における地盤災害の課題と対策、2011 年東日本大震災の教訓と提言（第一次）、2011.
20) 河川堤防の構造検討の手引き、2012.
21) 地盤工学会：平成 16 年 7 月福井豪雨による地盤災害調査報告書、pp.17-18、2005.
22) 京都大学・東瀬戸内地区洪水災害研究グループ：東瀬戸内地区の洪水災害、昭和 49 年 7 月集中豪雨災害の調査研究統合報告書、pp.45-92、1975.

4．地震時の地盤の挙動と対策

“まえがき”で述べたように、1995 年兵庫県南部地震以降、我が国は *M*7 程度以上の地震がほぼ毎年発生している。日本の国土領域の地質構造は、地震の活動期にあるといえる。2011 年東北地方太平洋沖地震は、関東地方の液状化に加え、地震と津波の複合的な被害が甚大であった。第 4 章では、地震時の砂地盤の液状化、地盤と建物の地震被害、地震と津波の複合作用による被害、地震による広域地盤沈降と地盤沈下、地震と火山による斜面崩壊を、それらのメカニズムに加え被害状況と対策を交えて述べる。

4.1　地震時の砂の液状化メカニズムと対策

図 1.5 で述べたように、地盤は個々の土粒子や石から構成されているので、せん断変形を受けると個々の土粒子や石の相対的な位置が転移することで、土全体の体積が変化する。せん断変形によるこのような土の体積変化をダイレタンシーと呼ぶが、緩詰めの土はせん断によって、体積が収縮し、逆に密詰めの土は膨張しようとする。**図 4.1** は、このようなダイレタンシー挙動を示しているが、コンクリートやスチール等の他の土木材料と異なる粒状体としての土特有の性質である。

地震時の砂の液状化現象は、土のダイレタンシーに起因しているが、液状化に着目した土の性質とそのメカニズムは、以下のように解釈される。

①　乾燥した砂は、せん断変形による体積変化が瞬時に発生する。

②　水で飽和した砂は、地震外力で発生した間隙水圧が消散するた

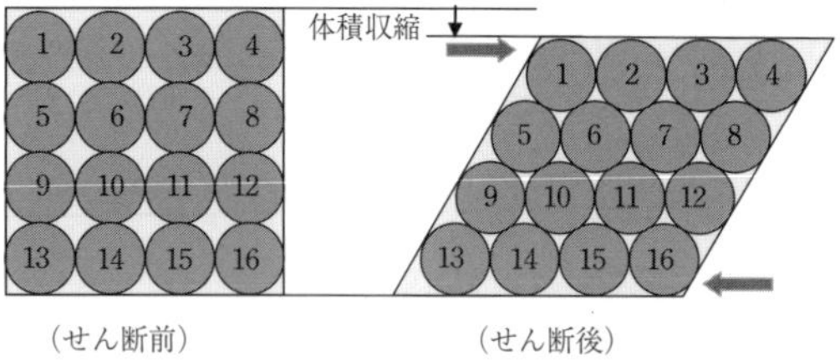

(a) 緩詰め状態

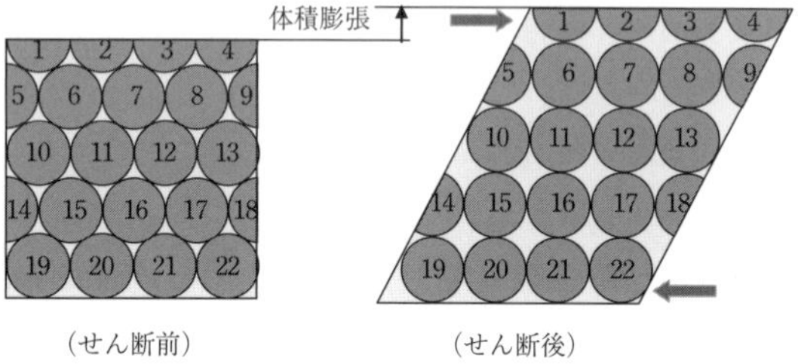

(b) 密詰め状態

図 4.1　せん断による体積変化（ダイレタンシー）

めの排水に時間が必要である。

③　体積収縮しようとする全応力（図 2.6 に示す σ）に等しい圧力が間隙水圧（図 2.6 に示す u）として作用して、この u に等しい有効応力（図 2.6 に示す σ'）の値が低下してせん断強さを消失して液体のようになる。これが砂の**液状化**である。

④　間隙水圧が消散すると、図 4.2 に示すように土の体積が収縮したり、地中の砂が地表に噴出して地盤が沈下することになる。

したがって、これらの現象は、それぞれ以下のようにも解釈できる。

①　体積変化が瞬時に発生する礫や石分（図 1.5）からなる地盤は、液状化の可能性が小さい。

②　不飽和の砂は、間隙空気が圧縮して飽和度が上昇すれば、液状化する可能性がある。

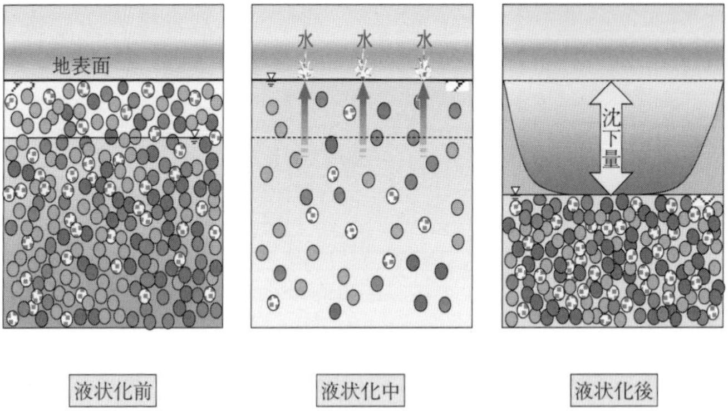

図 4.2　液状化による地盤の沈下

③　75μm 以下の粒径からなる細粒分含有率が 35％程度を超える粘性土は、液状化の可能性が小さくなる。しかし、粘性土は、地震外力による過剰間隙水圧が消散する過程で、圧密沈下と同様な挙動として振舞う。このような挙動は、地震後の“遅れ沈下”として 1957 年にはメキシコ地震でその現象が認識[1] されている。

④　体積変化ができないような大きな拘束圧下（深度が 20m 程度より大きい）や $N>15$ の締まった砂層では、液状化の発生が抑制される。

液状化現象は、以上のように解釈されるが、力学的観点から液状化の条件を考えると以下のように説明できる。すなわち、土のせん断強度 τ は、図 4.3 に示すように、土の粘着力 c、土の内部摩擦角 ϕ、せん断時の拘束圧 σ を用いて式 (4.1) で示される。

$$\tau = c + \sigma \tan\phi \qquad (4.1)$$

液状化時の土の τ はほとんど 0 となる。したがって、式 (4.1) で τ が 0 となる条件は、次の三つである。

①　$c \fallingdotseq 0$ の砂質土

②　σ が小さい有効土被り圧の小さい地盤の浅部

③　ϕ が小さい均一粒径の砂

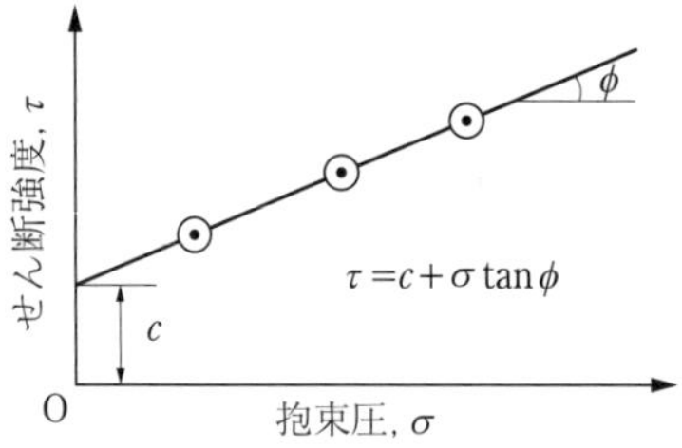

図 4.3　土のせん断強度

①に関しては、次のように説明できる。すなわち、図 1.5 で述べた細粒分含有率の割合が増すと、c が大きく透水係数が小さくなる。このような土では、地震力に対抗する土の τ が大きくなり、間隙水圧の消散（水の移動）に時間がかかるが、砂の c は小さいことから、τ が小さいことが理由である。また、②に関しては、地表近くの浅部では、σ が小さく地震力に対抗する τ が不足することになる。③に関して、土粒子の均一性は、式 (1.1) と (1.2) で定義した均等係数 U_c と曲率係数 U'_c で説明できる。すなわち、$U_c<6$ と $U'_c=1$ ～ 3 の範囲に含まれる砂は、粒径が揃っていて均一的であるとみなされる。このような砂は、地震力によるせん断変形の際の砂粒子のかみ合せが大きくないことから ϕ が小さく、その結果として τ が小さいことが液状化を起こしやすい理由である。

以上に述べたメカニズムと条件を考慮すると、液状化が発生しやすい地盤としては、以下のような飽和した砂地盤と土構造物が挙げられる。

・河岸や海岸において緩く堆積した自然堆積の砂質地盤
・港湾地域における埋め立て砂質地盤
・地下水位が高い砂質土の盛土

以上の液状化現象に対する説明を踏まえ、図 4.4 は、液状化の対策原理と工法を概念的にまとめている。液状化の主な対策原理は、以下の五つに集約できる。

① 密度の増大

② 粒度・土質の改良

③ 飽和度の低下

④ 間隙水圧の消散と促進

⑤ せん断変形の抑制

①～③は、土の性質を変化させ、④と⑤は、地中の応力・変形条件を変化させる原理である。また、図 4.4 には、これらの対策原理に適合する代表的な工法の概要を示している。いずれも、式 (4.1) の c、ϕ、σ の一部か複数の値を大きくして、地震外力に対抗する τ の増大を意図している。それぞれの原理と対策効果は以下のようである。

① 密度の増大：対象地盤を振動や各種締固め、杭の打設などによって密度の増大と強度の増加を図るもので、比較的確実に対策効果が期待できる工法である。

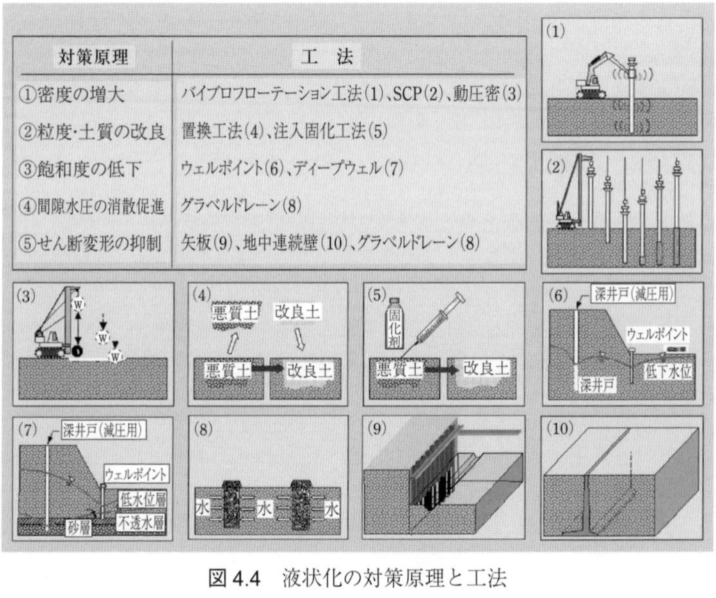

対策原理	工　法
①密度の増大	バイブロフローテーション工法(1)、SCP(2)、動圧密(3)
②粒度・土質の改良	置換工法(4)、注入固化工法(5)
③飽和度の低下	ウェルポイント(6)、ディープウェル(7)
④間隙水圧の消散促進	グラベルドレーン(8)
⑤せん断変形の抑制	矢板(9)、地中連続壁(10)、グラベルドレーン(8)

図 4.4　液状化の対策原理と工法

② 粒度・土質の改良：液状化しやすい粒形の土を液状化しない礫や砕石で置換したり、表層・深層混合処理により改良する工法。

③ 飽和度の低下：ウェルポイント（well point）やディープウェル（deep well：深井戸）等により地下水位を低下させる工法であるが、水位低下のための常時の運転が必要であり、経済性の観点から特定地域の対策に限られる弱点がある。

④ 間隙水圧の消散と促進：礫や砕石を用いたドレーン（排水層帯）を砂地盤に打設して、σの増大と地震時に発生する過剰間隙水圧を瞬時に消散する効果を意図した工法。

⑤ せん断変形の抑制：矢板、地中連続壁、グラベルドレーン等を対象地盤に設置して、地震時の地盤変形を強制的に抑制する工法。

コラム ≪標準貫入試験とその結果の利用≫

標準貫入試験SPTは、1927年に米国のボストンで始められた地盤調査法である。1948(昭和23)年に出版されたTerzaghiとPeckの著書[1]で“Standard Penetration Test”（標準貫入試験）の呼び名でその試験法が紹介され、試験結果のN値と砂の相対密度や砂地盤の許容支持力等との関係が示されたことから、広く利用されるようになった。

SPTによるN値とは、図-1(a)に示すように、重量63.5kgfのハンマーを75cm自由落下させたエネルギーによって、ボーリング孔底に置かれたSPT用のサンプラー（図-1(b)）を30cm貫入させるために必要な打撃回数のことである。

SPTは、地盤調査におけるサウンディングの一手法であるが、試験結果として知られるN値の利用価値[3]が評価され、我が国では特に広く普及している。N値は基礎の支持力や沈下量の推定、地盤の液状化判定に利用されている。N値の利用法は、N値から内部摩擦角ϕを推定し、その値を用いて支持力を計算する間接的方法と、杭の支持力の推定式のように、N値から支持力値を直接推定する方法がある。

SPTは、粘土の非排水強度c_uや砂のϕ等の力学的係数を直接測定する原理に基づく試験法ではなく、地盤の相対的な貫入抵抗値（工学的指標）を厚肉サンプラーと極めて大きな動的貫入エネルギーを用いる原位置試験法である。したがって、測定する地盤の土質や深度等の条件が異なれば、結果の力学的意味も異なる。例えば、N値の大きな領域では、従来から提案されている経験式に

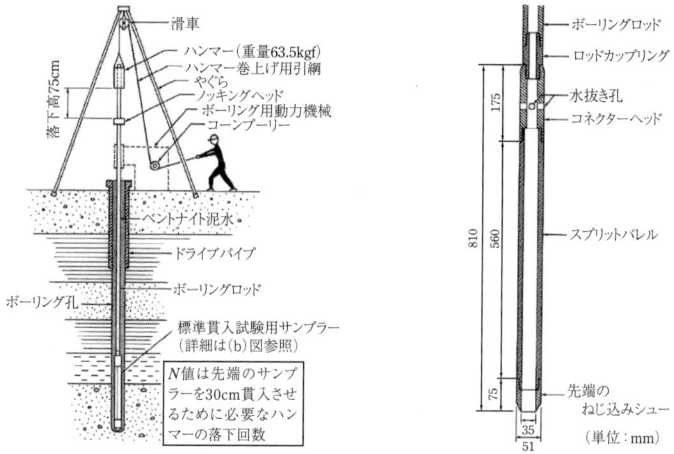

(a) 標準貫入試験の説明図

(b) 試料採取用サンプラーを兼ねる標準貫入試験先端部の断面図

図-1　標準貫入試験の概念図 2)に加筆修正

よってN値から推定したϕは大きな値を与えることから、その値を用いると危険側の設計を行うことになる。また、SPT は動的な試験であり、粘性土地盤に対して行われたN値を一軸圧縮強さq_u等の力学的諸係数に精度良く換算することも極めて困難である。

SPT の大きな特徴は、図-1(b) に示すスプリットバレル内に入った（N値を測定した箇所の）土を直接観察して、1.2 節で述べた粒度分析や液性・塑性限界等の判別分類試験が行えることである。SPT による地盤調査を行うときには、N値の解釈を誤らないためにも、この利点を有効に活用することが必要である。なお、N値に影響する誤差要因は数多くあるが、打撃エネルギーの摩擦損失等による影響の大きいことが指摘されている[4]。地盤内の正しいN値を測定するには、日本工業規格（JIS A 1219）に従いハンマーの落下高さを正しく守り、ロッドの鉛直性保持等にも注意して、測定誤差を小さくする努力が必要である。

1.3 節の三つのコラム（地盤から採取した土の強度・圧密特性の変化、小指サイズの供試体で強度特性が求まるか？ 3cm 径の供試体で圧密特性が求まるか？）で述べたように、スプリットバレル内にスリーブを内蔵した場合は、スリーブ内の位置と土の状態によっては、直径d：15mm、高さh：35mm の一軸供試体や、d：30mm、h：10mm の圧密供試体を用いることで、地盤工学会基準（JGS-1221）に規定するチューブサンプリングと同等の q_u やサクションの測定による原位置の非排水強度や圧密特性を求めることも可能である[5)]。

N 値は、我が国では広く利用されているが、地盤の種類に応じた適用性や、制約条件を十分にわきまえて、調査の目的と段階に応じて、他の地盤調査法や土質試験法とも適切に組み合わせて利用することが大切である。例えば、重要構造物で砂地盤の液状化に対する安全率や静的・動的な強度・変形特性を精度良く評価したい場合は、適切なサンプラーや原位置凍結サンプリング等で乱れの少ない試料を採取して、繰返し三軸試験等の各種試験を行う必要がある。この場合に注意することは、試料採取から土質試験、設計値の決定までには、図 **1.11** で述べたように多くの誤差要因が介在して、測定値や設計結果を大きく支配していることである。

地盤データのばらつきを考慮して、合理的な設計結果を得るためには、人間の関与に起因した誤差要因やその実態を定量化することが必要である。このような誤差が定量的に評価でき、統計処理に耐えられる数と質の調査が行われるようになれば、多くの地盤災害の調査や設計問題で信頼性設計の理念に基づいて、地盤データのばらつきや構造物の重要性、経済性を考慮した合理的な調査規模の決定や構造物の性能設計が有効になるであろう。

参考文献

1) Terzaghi, K. and Peck, R.B.: Soil mechanics in engineering practice, John Wiley & Sons, 1948.
2) 土質工学会、最新名古屋地盤総論、pp.1-14、1988.
3) 藤田圭一：標準貫入試験、土質調査試験結果の解釈と適用例、土質工学会、pp.33-90、1976.
4) Schmertman, J.H.: Use the SPT to measure dynamic soil properties? -Yes, But///!, Dynamic geotechnical testing, ASTM, STP 654, pp.341-355, 1978.
5) 正垣孝晴：性能設計のための地盤工学、鹿島出版会、pp.87-109、2012.

4.2 地震時の液状化被害

地震時の液状化被害は、対象構造物によって異なる。**図 4.5** や**カバー・右下段の写真**に示す浄化槽やマンホール、管路等の軽量構造物は、埋戻し土の液状化に起因して浮き上がる被害を受ける。一方、建物や橋梁のような重量構造物は、沈下や傾斜が発生する。これらの中で自然流下で設計されている下水道のような施設や管渠施設、農業用パイプライン等の地下埋設構造物などは、復旧に時間が掛かり破壊した場合の社会的影響が大きい。これらの液状化被害に対する対策原理は、重量の調整や過剰間隙水圧の消散が中心になるが、既設の構造物に対する浮き上がりを防ぐ一般的な工法の開発や対策は今後の大きな課題である。また、2011 年東北地方太平洋沖地震で発生した突き上げ現象やマンホールのずれ、管渠の蛇行やたるみ、継手のはずれは、本震による液状化が余震によって揺動されたのが原因と考えられているが、今後の継続的な検討が必要な状況である[2]。

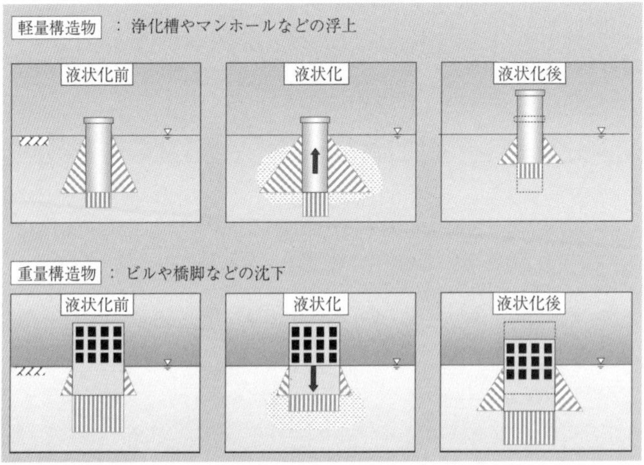

図 4.5　液状化による構造物の挙動

地下水位の高い盛土や河川堤防では、図 4.6 に示すように土のせん断強度の低下や喪失により、すべりや陥没等の被害を受ける。2011 年東北地方太平洋沖地震でも東北や関東地方の河川堤防や宅地が基礎地盤の液状化により大きな被害を受けた。対象地盤やその下層地盤が水平でなく、図 4.7 のように傾斜している場合は、重力作用で重い物は下方に移動することから、液状化による剛性の低下に起因した地盤の流動化によって、盛土斜面や杭基礎が側方流動して、地表面の亀裂や段差、橋桁の落橋等の被害が発生する。**カバー・左上段の写真**は、自然斜面の液状化による家屋の滑動・倒壊の例である。**図 4.8** に示すケーソン等の岸壁の背後が液状化した場合は、液状化前より大きな外力が岸壁背後に作用することになり、その結果岸壁は追出し、回転、沈下、転倒等の被害を受けることになる。

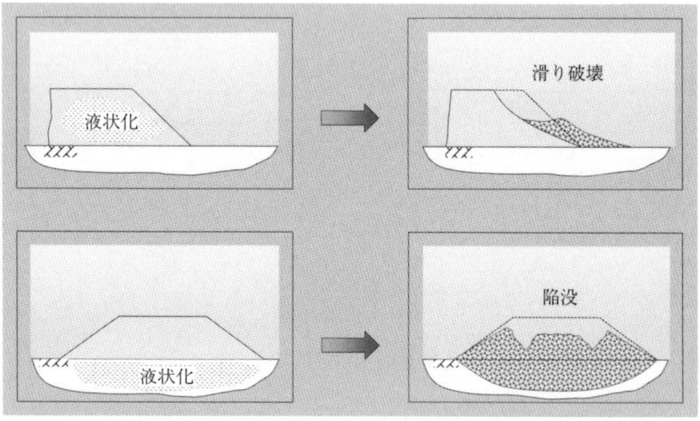

図 4.6　液状化による盛土の破壊（せん断強度の低下・喪失）

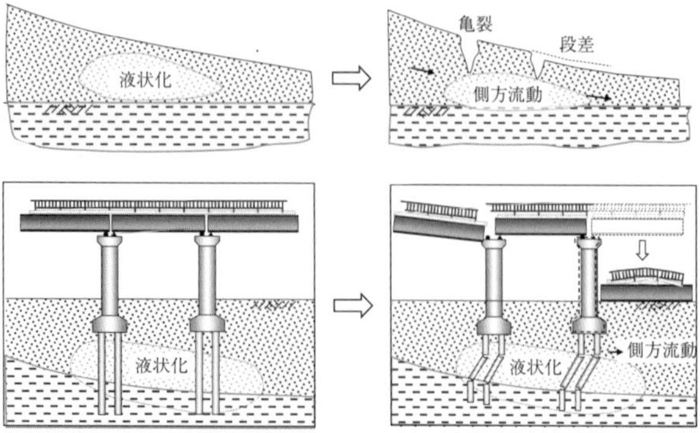

図 4.7　液状化による剛性の低下に起因する側方流動（傾斜地盤の液状化）

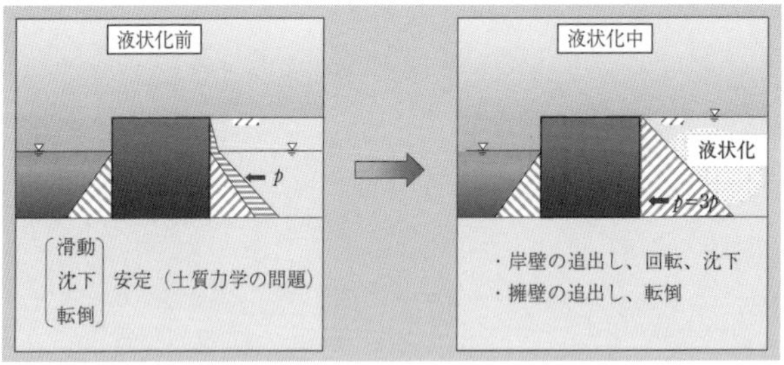

図 4.8　液状化による岸壁に作用する外力の増加

コラム　≪地盤を伝わる波動≫

地盤や地質構造等を概括的に調べる方法に弾性波探査がある。弾性波には、振動方向と伝播方向が一致するP波（縦波、疎密波）と伝播方向と直行するS波（横波、せん断波）がある。P波はS波より速く伝播し、観測も容易である。図–1 に示すように、地表面に置かれた板をハンマーによって打撃して（板叩き法）地盤に衝撃を与え、受振器によって振源からの地振動の到達時間を測定することで、地盤構造の概要を知ることができる。図–1 の板叩き法の場合、ハンマーの鉛直と水平方向の打撃によって、縦波（P波）と横波（S波）を発生させることができる。トンネルの路線選定等の長い距離や深部の地質構造を調べるためには、大きな振源が必要であり、ダイナマイトを発破させることもある。

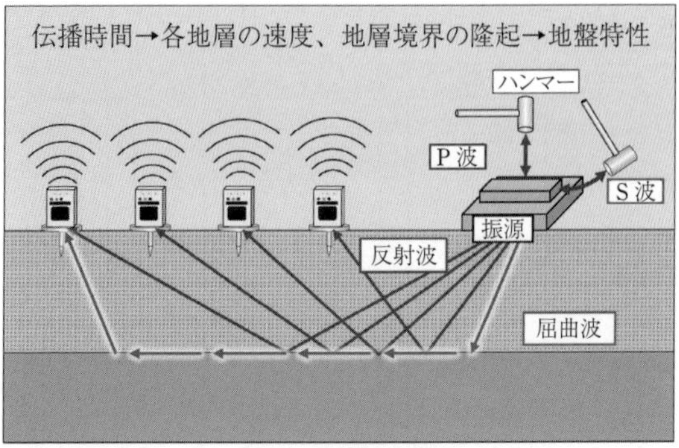

図–1　板叩き法

P 波と S 波の測定値と地盤密度の仮定から、ポアソン比 ν、せん断弾性係数 G、ヤング率 E は、以下のように推定することができる。

$$\nu = \frac{(V_p / V_s)^2 - 2}{2\{(V_p / V_s)^2 - 1\}}$$

$$G = \rho V_s$$

$$E = 2(1+\nu)G$$

ここに、ν：ポアソン比、G：せん断弾性係数（N/m^2）、E：ヤング率（N/m^2）、V_P：P 波速度（m/s）、V_s：S 波速度（m/s）、ρ：密度（kg/m^3）

図-2 は、弾性波探査の一種である速度検層による P 波と S 波の測定例である。神奈川県の三浦半島には五つの活断層が確認されているが、それらの地震

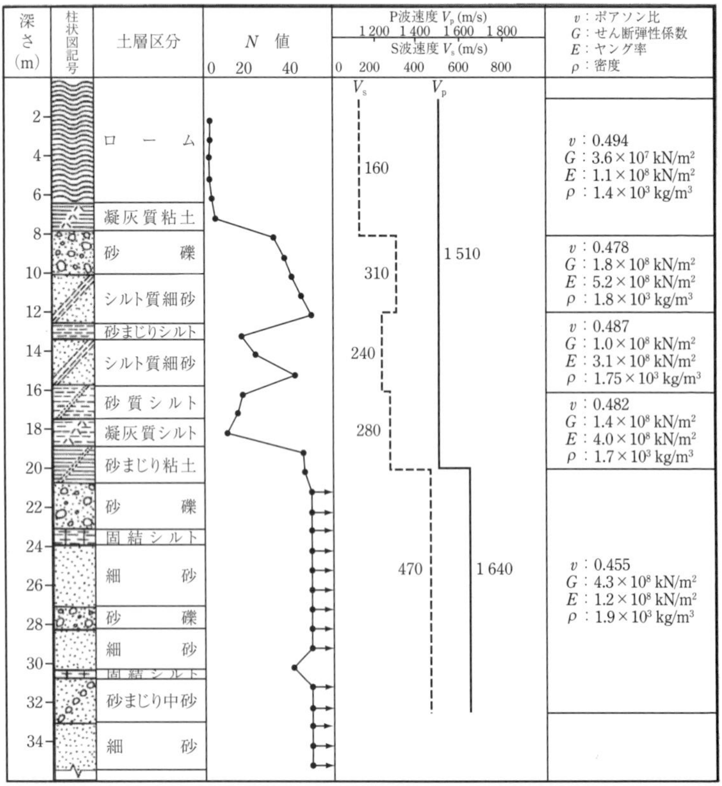

図-2　速度検層の測定と解析結果例[1]に加筆修正

活動度は我が国の中でも高いことが知られている。図–3 に示すように、これらの断層から 6km ほどの距離に住む防衛大学校の学生は、被災時に市民を救助・救済するための訓練を毎年防災の日に続けている。地震速報は最初に到達する P 波の測定状況から、S 波の到達時間や地震の規模を予測して発信するが、6km の距離では、P 波と S 波の到達するタイムラグは少ない。このことは、地震に対する学生自らの備えが日常から不可欠であることを示している。

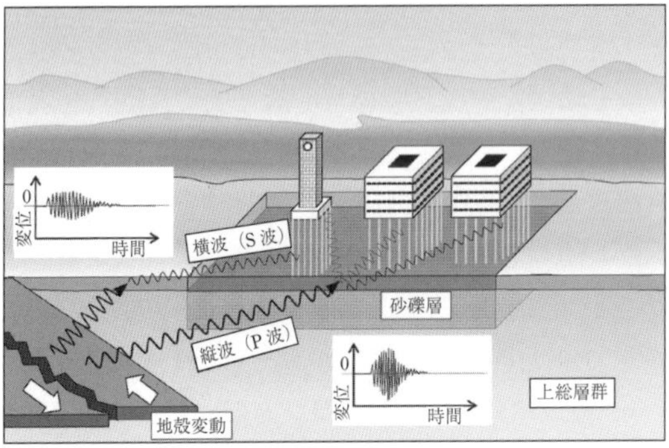

図–3　P 波と S 波の伝播

参考文献

1)　地盤工学会、地盤調査基本と手引き、第 5 章速度検層、pp.37-44、2005.

4.3　液状化予測手法の種類と実態

液状化の予測は、次の四つの方法に大別される。

① 過去の液状化履歴や地形・地質に基づく方法

② サウンディング調査による方法

③ 試料採取と動的三軸試験による方法

④ 地震応答解析による方法

①は概略的な調査として、液状化履歴図[3]や各行政機関が公表している液状化マップ等が参考になる。4.1 節と 4.2 節で述べたように、液状化は飽和した緩い砂地盤で発生しやすいため、埋立地や河道、沿岸部や沖積砂層の堆積地が液状化の可能性がある地形・地質である。

②は、標準貫入試験（Standard Penetration Test）とコーン貫入試験（Cone Penetration Test）が多用されている。設計対象とする地盤や港湾、道路、鉄道、建築等の構造物によって、試験結果の解釈や判定の細部は異なるが、基本的な概念は同様である。

図 4.9 は、限界 N 値と深度の関係から液状化を判定する図であり、攪乱した新潟砂に対する繰返し三軸試験結果から得ている。「道路橋示方書」や「建築基礎構造設計指針」では、**図 4.9** を発展させて、不攪乱試料による繰返し強度試験結果や地震動を受けた場所で液状化を生ずる繰返し強度を推定する方法を用いている。

CPT から繰返しせん断強度を求め、液状化を判定する方法が提案されている。**図 4.10** は、動的せん断強度比と換算コーン貫入抵抗値の関係を示している。CPT は、SPT と同様に上載圧の影響を受けるので、**図 4.10** に示すコーン貫入抵抗値も N 値と同様の換算を行っているが、今日ではコーン貫入に伴う周面摩擦抵抗と間隙水圧の測定値から、土の

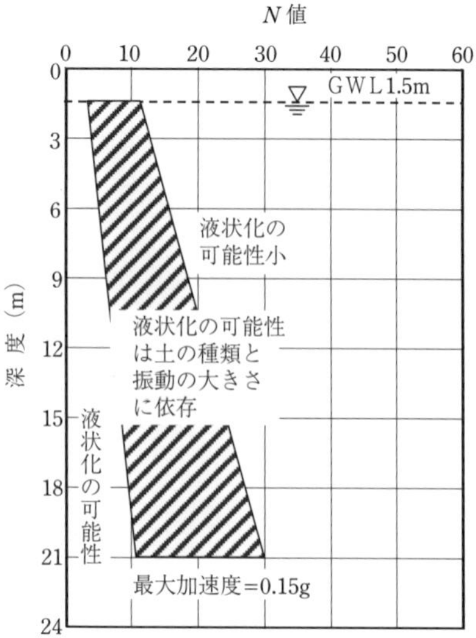

図 4.9　N 値による液状化の判定[4)]

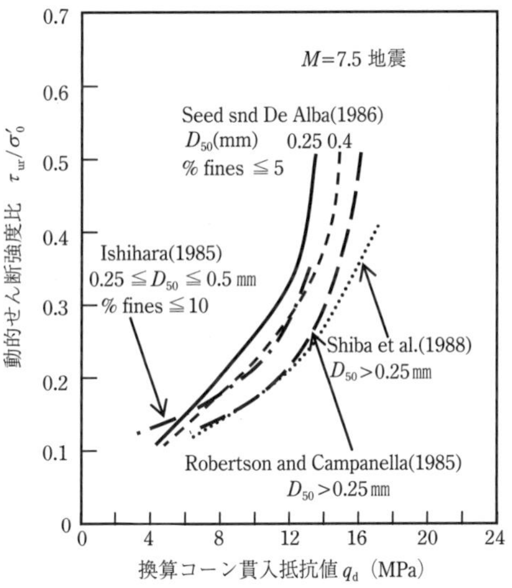

図 4.10　コーン抵抗値による液状化の判定[5]

分類による液状化判定や液状化強度を推定する方法に進展している[6]。

③の試料採取法としては、砂の密度や粒径に応じて単管（地盤工学会基準；JGS-1221）、二重管（同 JGS-1222）、三重管（同 JGS-1223）のチューブサンプラーが使い分けられている。コーンサンプラー[7]を含む倍圧機能のサンプラー[8]は、JGS-1221 のサンプラーであるが、これらは、$N=3〜53$ の砂地盤や $N≒16$ 程度までの粘性土が高品質で採取できる。したがって、砂の密度や粒径、粘土の塑性や強度に応じて単管・二重管・三重管サンプラーを使い分ける必要がないことから、JGS-1221、JGS-1222、JGS-1223 の対象土が倍圧型のサンプラーによって採取できる[9]。

チューブサンプラーで採取した試料に対する動的三軸試験[10]結果から液状化を判定する場合は、過剰間隙水圧 Δu か両振幅のせん断ひずみ ε_a が用いられる。有効拘束圧 σ'_c の減少による支持力の低下や浮力による浮き上がりが問題になる場合は、Δu が初期有効圧の 95％を超えた場合を液状化とすることが多い。また、液状化による地盤の変形を検討する場合は、ε_a として2%、5%、10%が用いられる。しかし、75μm 以下の細粒分が多くなると、σ'_c が0にならないのに変形が大きくなることもあり、ε_a=5%が多用されている。

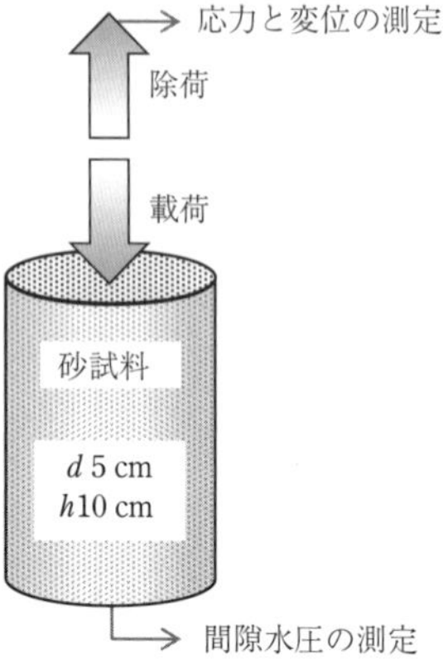

図 4.11　繰返し三軸試験の概念図

図 4.11 は、繰返し三軸試験の概念図を示している。採取試料から作成した供試体に σ'_c を負荷した状態で供試体の長軸方向に ε_a を与えて繰返し軸差応力 σ_a と供試体内部に発生する過剰間隙水圧 Δu を測定する試験法である。図 4.12 は、新潟砂を倍圧（45-mm）サンプラーで採取した試料の液状化試験結果である。図 4.12 の (a), (b), (c) 図は、それぞれ繰返

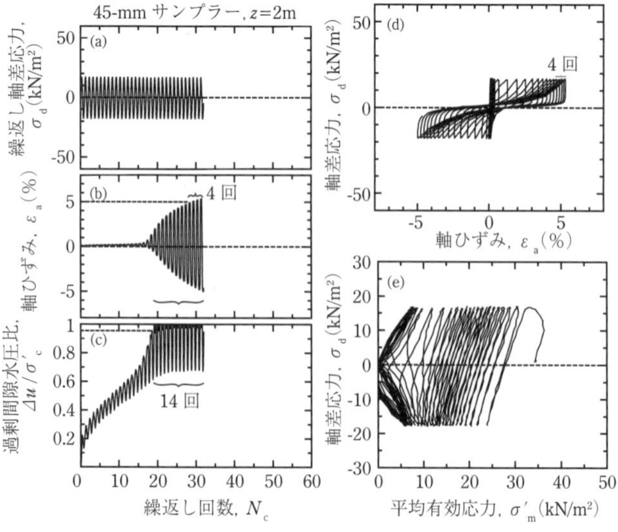

図 4.12　液状化試験結果（新潟女池、$z \fallingdotseq 2$m）[9] に加筆修正

し軸差応力 σ_d、ε_a、過剰間隙水圧比 $\Delta u/\sigma'_c$ と繰返し回数 N_c の関係であり、(d) が σ_d と ε_a の関係、(e) が有効応力経路である。(b) と (c) 図から Δu が σ'_c に等しく（$\Delta u/\sigma'_c=1$）なったときにひずみが急増する「液状化」を起こしている。上述の液状化の定義に従えば、ε_a では最後の繰返しの 4 回前に $\varepsilon_a=5\%$ に到達し、$\Delta u/\sigma'_c$ の場合は最後の繰返しから 14 回前に 0.95 に達して液状化している。

港湾施設に関連した地盤の液状化判定として、砂の粒度特性に着目した方法がある。**図 4.13** に示すように、粒径加積曲線の形状と粒径によって液状化の可能性が検討できる。液状化を検討する際に用いる図は、**図 1.5** に示した均等係数 U_c（$=3.5$）の値によって異なる。図

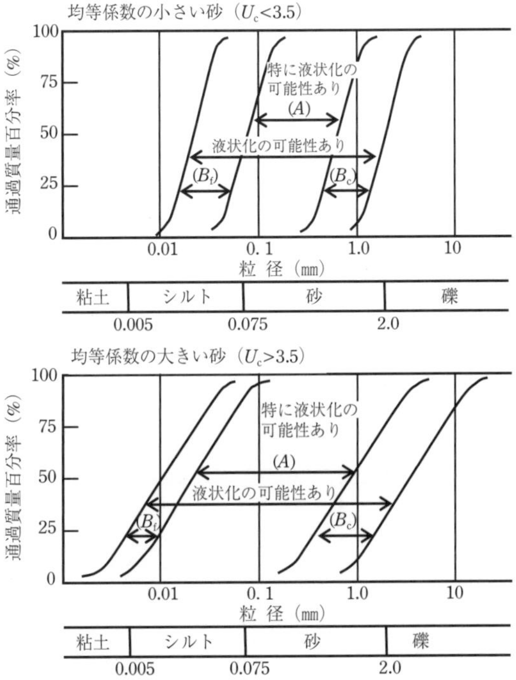

図 4.13　粒径による液状化の判定[11)]

4.14 は、等価 N 値と等価加速度の関係を示している。図 4.14(b) の凡例に示すⅡとⅢにランクされる場合は、繰返し三軸試験の結果から、最終的に液状化を判定することになっている。図 4.13 の A と B_c の範囲に位置する粒径の砂は、式 (4.2) によって有効上載圧 $\sigma'_v = 64.7$ kPa に換算した等価 N 値（N_{65}）を求める。

$$N_{65} = \frac{N - 0.019(\sigma'_v - 65)}{0.0041(\sigma'_v - 65) + 1} \tag{4.2}$$

ここに、σ'_v：土層の有効上載圧力（kPa）

N_{65} は、地下水面近傍の N 値で液状化の判定を行うものであるが、図 4.13 の B_f の範囲に位置する砂の N 値は、測定値を等価 N 値とする。

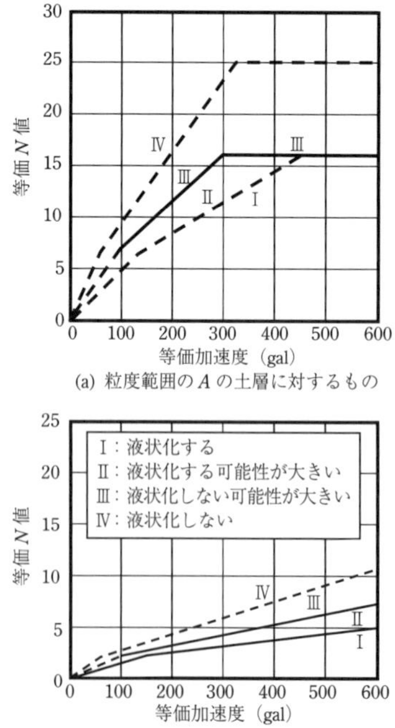

(a) 粒度範囲の A の土層に対するもの

(b) 粒度範囲 B_f および B_C の土層に対するもの

図 4.14　等価 N 値と等価加速度による液状化の判定 [11)]

図 4.15 は、新潟空港の等価 N 値と等価加速度の関係である。地表加速度を 101gal として、その 0.65 倍、1.00 倍、1.35 倍の条件下の結果を記号を変えて示している。1.0 倍の条件下でⅢ（液状化しない可能性が大きい）が三つの異なる深度で、Ⅳ（液状化しない）が 11 の異なる深度で存在している。

図 4.16 は、図 4.15 と同じ試料に対して、R_{L20} の測定値と $D_{\mathrm{r\,(FS)}}$ と $D_{\mathrm{r\,(in\text{-}situ)}}$ から推定した原位置の R_{L20} から、式 (4.3) で求めた原位置の液状化強度比 R_{max} と、原位置に発生する最大せん断応力比 L_{max} に対する R_{max} の比である液状化安全率 F_{L} を z に対してプロットしている。

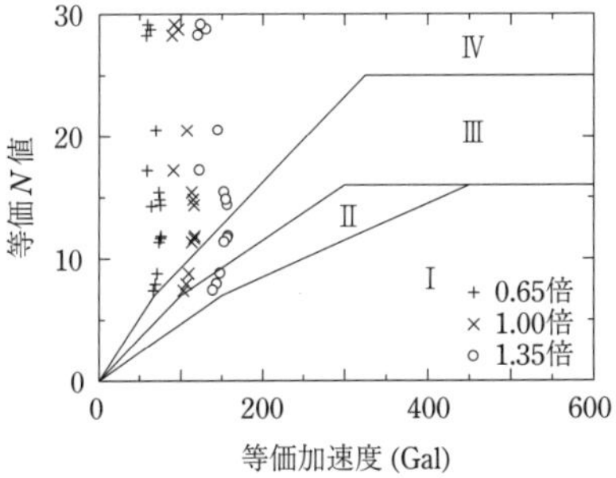

図 4.15　等価 N 値と等価加速度の関係（新潟空港）[9)]

$$R_{\mathrm{max}} = \frac{0.9}{c_1}\left(\frac{1+2K_0}{3}\right)R_{L20} \qquad (4.3)$$

ここで、$K_0 = 0.5$ と仮定し、c_1 は衝撃型の地震に対して 0.55、振動型のそれに対しては 0.70 とすると、R_{max} を求めるための式 (4.3) の R_{L20} の係数は、衝撃型に対して 1.091、振動型に対して 0.857 となる。なお、R_{max} は新潟空港に対しては、z に対して図 4.17 の関係が示されていて、図 4.16 の L_{max} は図 4.17 の z に対する曲線からせん断応力 τ を読み取っている。

図 4.16 の F_{L} 値は、振動型地震に対して 0.7 ～ 1.0、衝撃型地震に対しては、0.9 ～ 1.3 の範囲であり、浅部ほど小さくなり、液状化に

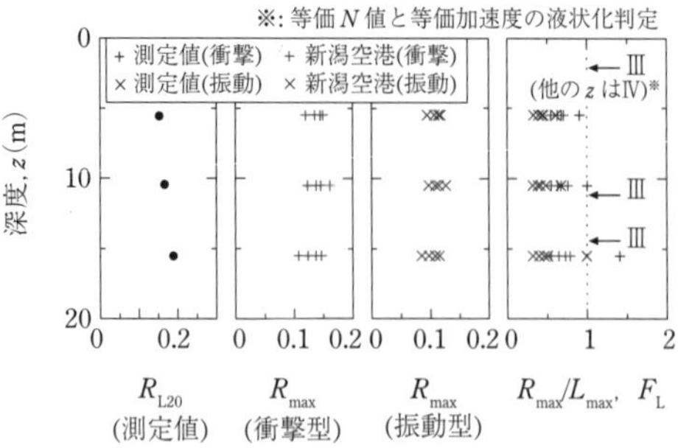

図 4.16　R_{L20}, R_{max}, F_L と z の関係（新潟空港）[9]

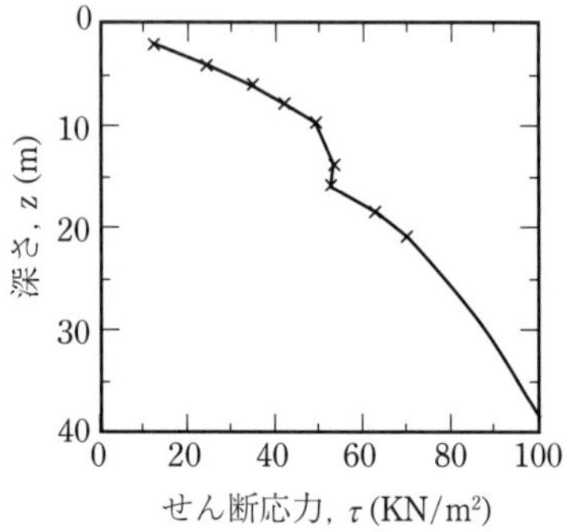

図 4.17　τ と z の関係（新潟空港）[12]

対する安全率も小さくなる。一方、式 (4.3) から推定した原位置の R_{L20} を用いた F_L 値は 0.5 ～ 0.9 であり、液状化する地盤と判定されることになる。

図 4.16 の F_L の欄には、図 4.15 に示す液状化の簡易判定のランクも示している。z＝2m、11m、14m でⅢの判定であるが、他の z はⅣの判定となる。すなわち、等価 N 値と等価加速度による液状化の簡易判定法は、新潟空港の砂地盤に対しては液状化を過小評価することを示している。式 (4.4)[9] は原位置の R_{L20} を推定するための係数であり、原位置の R_{L20} は、式 (4.4) の右辺に R_{L20} の測定値を乗ずることで推定できる [9]。

$$RR_{L20} = e^{(0.01579D_r - 1.101)} \tag{4.4}$$

ここに、D_r は相対密度であり、e はオイラー数を意味する。

図 4.16 において、式 (4.4)[9] で推定した原位置の R_{L20} から求めた F_L は、R_{L20} の測定値から得た F_L の 30 ～ 50％であり、測定値は原位置の値を過大評価しており、設計上は危険側にあることがわかる。

④の地震応答解析による液状化予測法には、多くの方法が提案されている。最先端の地盤解析技術として、GEOASIA（All Soils All States All Round *Geo*-*a*naly*s*is *i*ntegr*a*tion）[13] が開発されて、注目されている。

この解析コードは、砂から中間土、粘土までの広範な土を対象にして、圧密変形問題と支持力問題などを区別することなく変形から破壊まで、しかも盛土載荷時のような静的問題と地震時の慣性力が働く動的問題を区別することなく、単一の理論体系の下で解析できることを目指して開発されている。ここで、単一の理論体系というのは、次の三つの事柄を意味している。

一つ目は、土骨格の弾塑性構成式として搭載している上／下負荷面カムクレイモデル[14, 15] は、カムクレイモデルを土台にして、①過圧密の解消速度、②構造の劣化速度、③誘導異方性の進展速度の三つの速度を操作するだけで、砂から中間土、粘土まで稠密に存在する実際の様々な土を、単一の理論的枠組みで扱うという意味である。

土を大きく分類すると、砂と粘土が両極端にあり、その間に粘土の含有量の多寡で様々な中間土が存在する。自然堆積土は、通常過圧密の状態にあるし、構造をもっている。なお、構造とは、**図 4.18** に示す自然堆積粘土のように、それを十分に練返した試料に比べて、同じ荷重（応力）状態でより大きな比体積を有することができる状態を表す。この構造概念は粘土だけでなく、砂にも適用できる。緩詰め砂は比体積が非常に大きいので構造が高位（で正規圧密）状態の土として、密詰め砂は比体積が非常に小さいので構造の程度が低位（で過圧密）状態の土として定義することができる。

今、構造も過圧密も有する土に塑性変形を与えていくと、図 4.19 のように、構造が壊れ（劣化し）過圧密が消失していくが、その土が砂的であるか、粘土的であるかは、構造が壊れる方が速いか、過圧密が消えて正規状態にいくのが速いかでわかる。粘土ではわずかな塑性変形で過圧密が先に消えて正規圧密状態になるが、構造を壊そうとすると大きな塑性変形を与える必要がある。構造が壊れるときには圧縮側に働き、粘土の場合、排水に非常に時間がかかる。これがいわゆる「二次圧密」である。砂では逆に、わずかな塑性変形で構造はたやすく壊れ、しかし過圧密の解消には大塑性変形が必要である。急激な構造の破壊による圧縮が「締固め」であり、締固めが非排水条件で起こると、それは「液状化」となる。さらに、砂の緩慢な過圧密の解消は大変形を起こし、「液状化後の砂の圧密」が起きる。このように、構造の劣化と過圧密の解消のどちらが早いかを考慮することにより、典型的な砂と粘土の挙動を表現することができる。もちろん、構造の劣化と過圧密の解消が同じような速度で進行していく土も想像でき、これが中間土に当たる。なお、上／下負荷面カムクレイモデルが有する、過圧密、構造、異方性の三つの発展則については Asaoka et al.[15] に詳しい。

単一の理論体系という二つ目の意味は次のようである。すなわち、土の運動／変形とともに現れる幾何的非線形項を基礎方程式の段階から正しく取り入れた有限変形解析コードは、圧密変形のような外力の仕事率が正の安定状態の解析だけでなく、安定状態から荷重がピークを過ぎたあとの支持力問題のように外力の仕事率が負の不安定状態に転じてゆく過程をも、連続して計算することができる。

そして、三つ目の意味は次のようである。すなわち、従前の解析コードの多くが動的問題と静的問題を純然と区別してどちらかだけを計算できるのに対して、慣性力に対応できる有限変形解析コードは、圧密中の地震や地震後の圧密挙動など様々な静的・動的の外力形態に応じて解析コードを変えることなく、土の運動／変形を次々と計算す

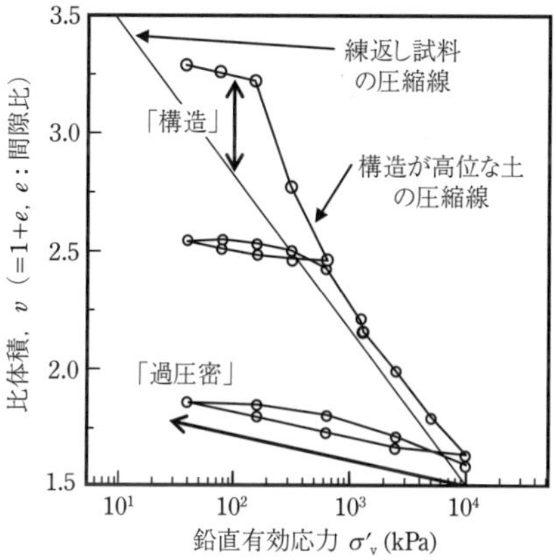

図 4.18　自然堆積粘土の一次元圧縮挙動[14)]

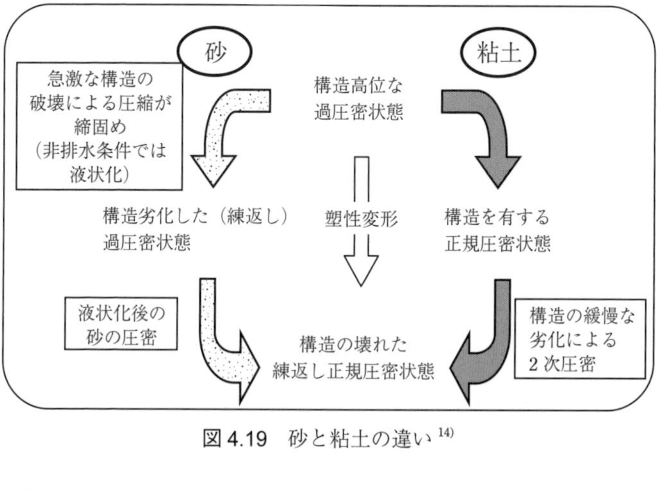

図 4.19　砂と粘土の違い[14)]

ることができる。

この解析コードは、地震時に「地盤に何が起こるか？」を知る一つの有効なツールとして、耐震性の再評価、地盤強化の必要箇所の抽出、地盤強化技術の検証など、地盤災害の低減に貢献すべき解析技術として研究が鋭意進められている。

コラム　≪関東大震災による第三海堡の液状化とリスクマネジメント≫

江戸幕末から明治の黎明期、我が国は首都東京を防備するために湾口に要塞を設け 24 の砲台を設置した。そのうちの三つは、海上の人工島に砲台を備えた海上要塞（海堡）である。**図–1** に示すように、第一海堡（基礎地盤の標高は水深約 − 5m）と第二海堡（同 − 10m）は千葉県富津岬沖に、第三海堡は横須賀市観音崎沖の波浪と潮流の激しい浦賀水道内（同 − 39m）に建設された。

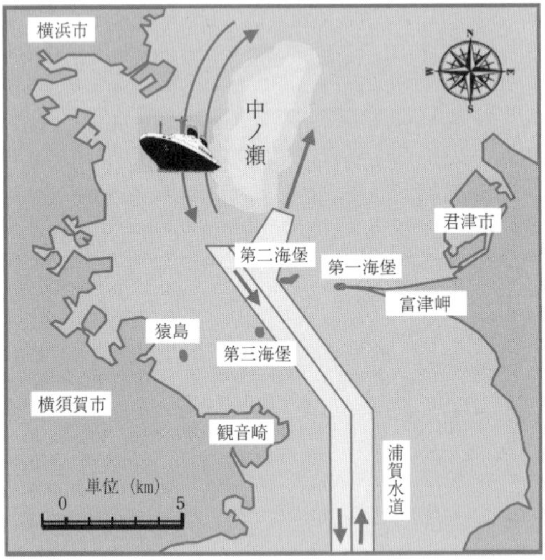

図–1　第三海堡の位置[1]

第三海堡は、1892（明治 25）年から 29 年間をかけて 1921（大正 10）年に完成したが、竣工 2 年後の関東大震災で施設の 35％程度が水没して、その機能を停止した。同海堡内を巡視中にこの地震に遭遇して、大震動で歩くことができずに這って監舎に帰り、水没する第三海堡から命からがら小舟で家族とともに第一海堡に避難した兵士の実話[2]が残っている。

図–2 と **図–3** は、第三海堡建設時の平面図と推定断面図である。第三海堡の長・短軸の長さは、270m と 167m であり、埋立て予定土量（332 万 m^3）[3]は、東京ドームの容積の約 2.7 倍である。**図–3** に示すように、人工島は上総層群の上に捨石が敷設され、捨石部の内側に砂が埋め立てられた。捨石部は、我が国古来の城の石垣や橋脚の土台の石積み技術が使われた。埋立砂の施工は、今日のプレロード工法（最終荷重を想定した荷重で圧密して地盤を安定させた後、その荷重を除いて実荷重と置き換える工法）や砲台の重量と射撃時の衝撃力を考慮した平板載荷試験が、欧州からの輸入技術として既に当時の施工管理に使われた。これらの地盤技術は、当時の米国にもその概要が技術輸出されたほどの世界一級のものであった[3]。

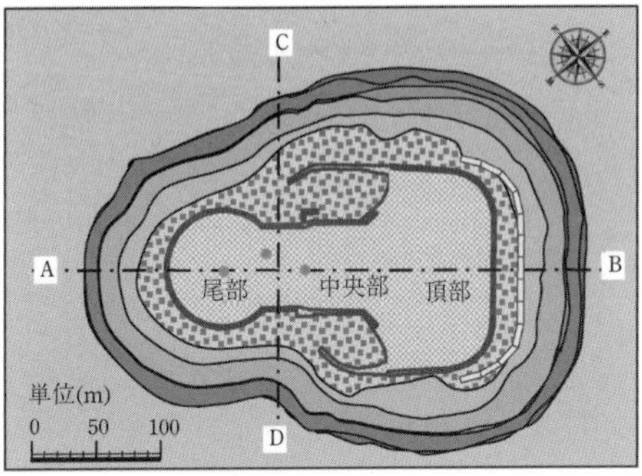

図-2　第三海堡の平面図（竣工時）[1]

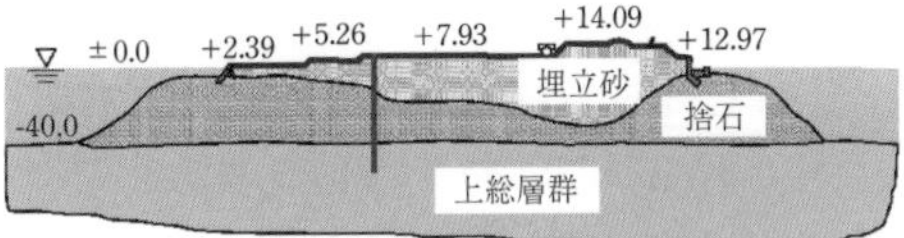

図-3　第三海堡の推定断面図（竣工時）[1]

関東大震災による第三海堡の崩壊の原因が埋立砂の液状化であることは、被災直後に撮影された航空写真等からも認識できるが、埋立砂に対する動的試験等から定量的に検討[4]され、新潟砂地盤より地震時の強度が小さいことが明らかにされた[1]。“液状化”という用語は、地盤技術者以外にも、今日広く市民レベルで知られる現象である。1964年の新潟地震以降に獲得した砂の液状化に対する今日の地盤工学の常識が、明治のこの時期には存在しなかったことになる。

図-4は、新潟空港、新潟女池小学校校庭、関西のある港湾、第三海堡で得た液状化強度（R_{L20}）と相対密度（D_r）の関係を示している。新潟空港（＋）と女池小学校（×）のプロットに対する回帰直線近傍に、関西のある港湾（◎）も第三海堡（○）のプロットも位置している。地盤工学会で定められた試料採取法と試験方法で行われた（性能規定された）結果であるが、試料採取時の密度増加で、R_{L20} と D_r が大きく評価されていることが、それぞれの試料に対する検討[5]でわかっている。

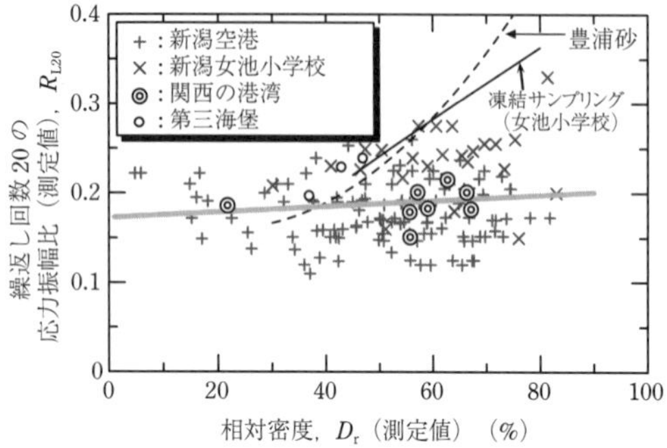

図–4　R_{L20} と D_r の関係（測定値）

図–5 は、この密度増加の影響を排除するため、正垣の方法[6]を用いて地盤内の原位置の R_{L20} と D_r を推定した結果である。図–5 の R_{L20} は D_r とともに大きくなり、材料学的に整合するのみならず、新潟空港（+）と女池小学校（×）から得た回帰曲線近傍に、関西のある港湾（◎）と第三海堡（○）のプロットが位置しており、異なる 4 堆積地の結果も統一的に説明できている。

図–6 は、図–4 の測定値を用いた液状化安全率 F_L に対する図–5 の推定値の中で、新潟空港と女池小学校の F_L の比の正規分布曲線を示している。分布形

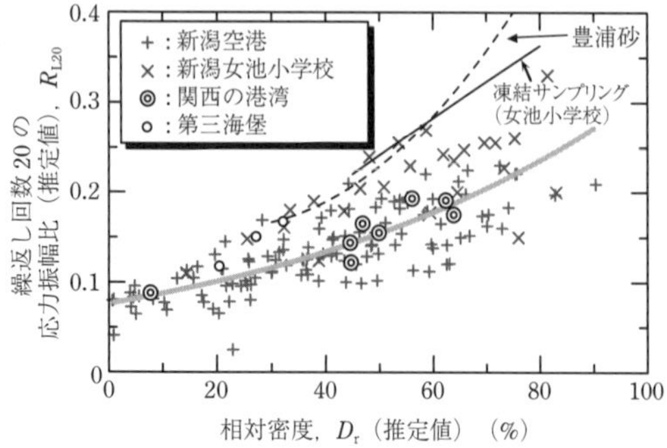

図–5　R_{L20} と D_r の関係（推定値）

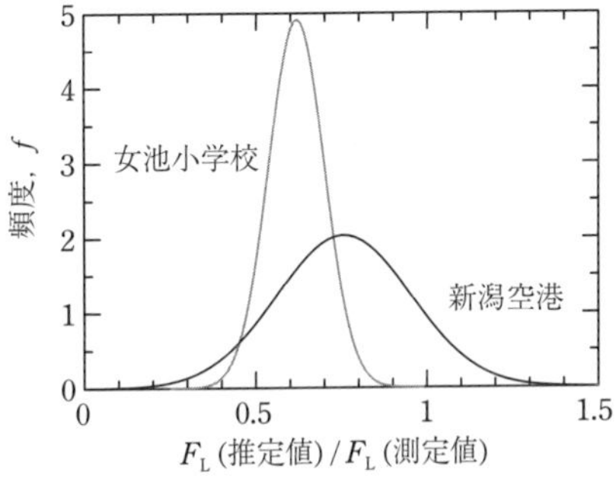

図-6　液状化安全率の正規分布曲線[7]

の形状は堆積地の土性によって大きく異なり、液状化の発生確率もそれを反映することになる。しかし、平均値のみを見ても推定値による F_L は 24%（新潟空港）と 38%（女池小学校）低下しており、図-4 の測定値は液状化発生を過小評価していることがわかる。

液状化しないと判定された地盤が、2011 年東北地方太平洋沖地震で液状化した事例が多く報告されている。図-4 で示す液状化現象の説明性は、チューブサンプリングの問題点を反映していると推察される。このような状況は、今日の最先端の方法を用いても、現象の説明やリスク管理が容易ではないことを物語っている。

以上のことは、液状化を判定する技術は、まだ十分に成熟していないことを意味する。そして、平穏な生活維持のための安心・安全は、お金や保険で補えないことも示している。あらゆる事象やその分析・評価・判断は、事象やそれに関係する材料特性の認識の程度や水準が変動するため、必ずリスクを伴うことになる。したがって、自然災害等のリスクを回避し軽減するためには、個人個人がリスクの存在を自覚し、自己管理することが不可欠であることがわかる。

参考文献

1) 正垣孝晴：関東大震災による第三海堡の液状化、第 47 回地盤工学研究発表会、pp. 38-39、2012.
2) 毛塚五郎：関東地方震災関係業務詳報、東京湾要塞司令部編：東京湾要塞廃止付録 第 1 号、pp.51-52、1923.
3) 国土交通省東京湾口航路事務所：東京湾第 3 海堡建設史、2000.
4) 国土交通省東京湾口航路事務所：東京湾航路、浦賀水道航路土質調査報告書、2002.

5) 正垣孝晴・吉津考浩：液状化判定のための性能規定とリスクマネジメント、地盤工学会誌、Vol. 61, No.7、pp.2-5、2013.
6) Shogaki, T. and Kaneda, K.：A feasible method, utilizing density changes, for estimating in-situ dynamic strength and deformation properties of sand samples, Soils and Foundations, Vo.53, No.1, pp.64-76, 2013.
7) 正垣孝晴：性能設計のための地盤工学、鹿島出版会、pp.303-309、2012.

4.4　地盤と建物の地震被害

地震時に宅地造成地で発生する地盤や建物被害は、盛土箇所で発生することが多い。図 4.20 は、谷部を埋めて造成された宅地に建設された住宅や道路の例を示している。粘性土で地盤が造成されると、地下水位が高く、雨水は谷下方に向けて地表や地盤中を移動するが、図 4.20 には、地下水位を低下させる排水管や暗渠が設置されていない。盛土材が含水比の高い粘性土であれば、十分な締固めが困難であり、また、図 4.20 に示すような重力式の擁壁であれば、土圧と水圧による擁壁と盛土材の変形に起因した建物の変形や沈下が発生する。地震が発生するとこれらの沈下や変形の進展は、一層大きくなる。一方、1995 年兵庫県南部地震や 2011 年東北地方太平洋沖地震の場合、切土

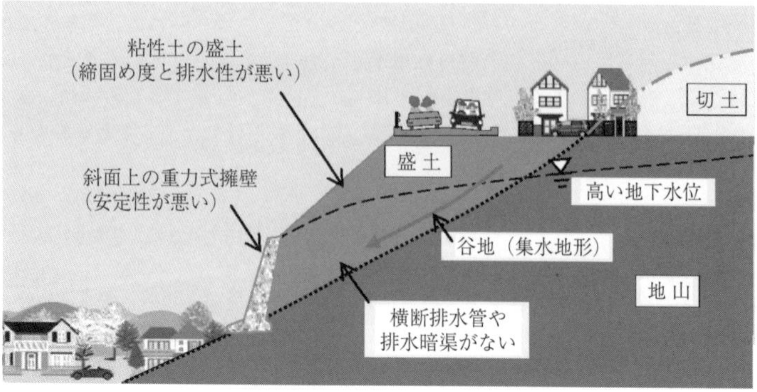

図 4.20　盛土宅地の地盤工学的問題[2)]に加筆修正

部に建設された建物被害は、盛土部のそれらに比較して軽微かほとんどないことが報告されている[2)]。

図 4.21 は宅地地盤の地震被害の形態を示している。それぞれ、以下のように説明できる。

(a) 盛土でない自然地盤内で発生する地すべりであり、3.1 節で述べたように降雨に起因することが多い。地震時の挙動としての発生例は 4.7 節で述べる。

(b) 谷埋め盛土の変形とそれに起因した建物の沈下・変形や壁面のひび割れの発生であり、図 4.20 で示した盛土部の地下水位が高い場合もこれらの変形の誘因となる。

(c) 切土材を用いて腹付け盛土として造成した地盤に、地山と盛土部にまたがって建物が建設された場合に、地盤と建物の変形や傾斜が生じる。これらの変形は、地山と盛土部で強度・変形特性や剛性が同じでないことから、建物に与える影響も場所によって異なるのが理由である。

(d) 地震動による動土圧等による擁壁の転倒や変状等に起因する盛土材の沈下や流動変形の結果として、建物の変形や傾斜が生じる。

(e) 地震動の増幅は、地山と盛土部で異なるが一般に後者が大きい。切盛り境界部に建物がある場合は、この地震動の増幅の差に起因して、建物が受ける応力・変形特性が場所によって異なり、変形・傾斜・倒壊等が生じる。特に、地盤の固有周期との共振が発生すれば、建物被害は増大する。

(f) 地山の上に盛土をした場合であり、盛土の締固めが十分でない場合は、地震動による盛土部の沈下・変状に起因して建物も変形・傾斜・倒壊する。

(g) 地下水位が高い緩い砂地盤の場合は、液状化の発生に起因して重い構造物は沈下、軽い構造物は浮き上がり等の被害が生じる。

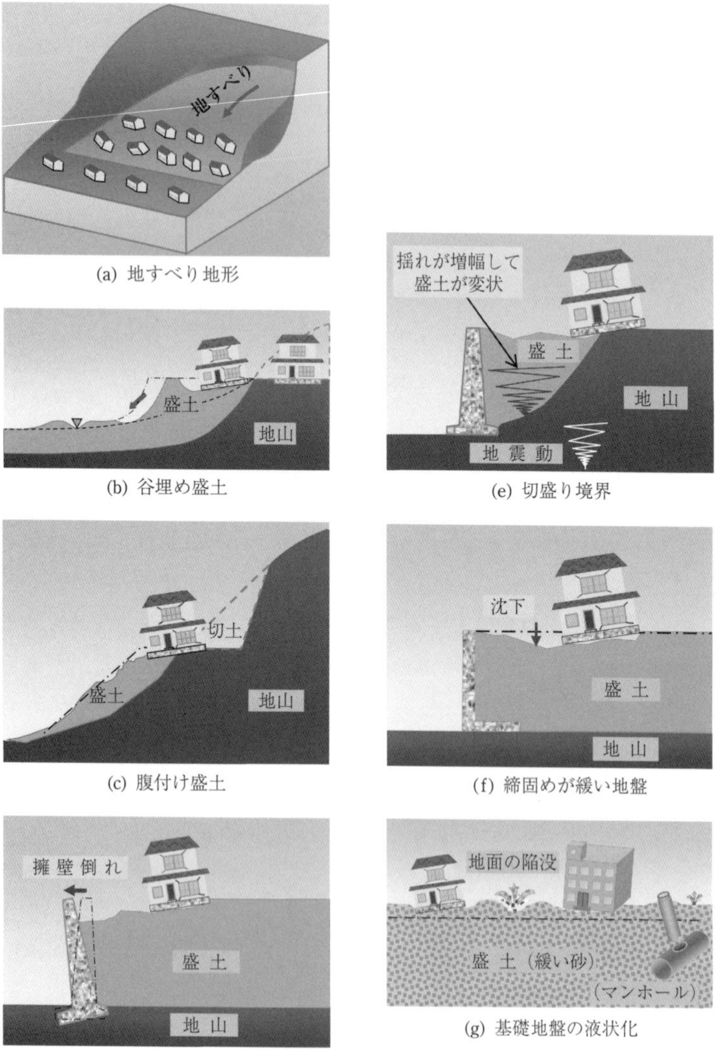

(a) 地すべり地形

(b) 谷埋め盛土

(c) 腹付け盛土

(d) 擁壁の倒壊・変形

(e) 切盛り境界

(f) 締固めが緩い地盤

(g) 基礎地盤の液状化

図 4.21　宅地地盤の地震被害の形態[2)]に加筆修正

口絵写真③，⑤，⑥，⑦は、それぞれ**図 4.21** の (b), (c), (d), (g) の例である。これらは、2011 年東北地方太平洋沖地震による仙台市内の被災例であるが、概要は以下のようである。

口絵写真③：谷埋め盛土の大規模な地すべりであり、この造成宅地の 80％以上が激甚な地盤と建物被害を受け、内陸部の被災地域としては唯一防災集団移転事業の適用を受けた。この地域は切土材としての泥岩、凝灰岩を用いて造成されており、これらの岩石が粘土化して地下水位が上昇したが、大規模な地すべりは排水対策が十分でなかったことに起因している。この宅地に接する地区では、1978 年宮城県沖地震で大きな地盤被害を受けた際に、**口絵写真**④に示すように、地盤に抑止杭と地下水位低下工法を併用した対策が取られた。このような対策が施された地域の 2011 年東北地方太平洋沖地震の地盤被害は、軽微であったことから、今回の被災地域に同様な対策工を施工していなかったことを悔やむ住民の声が被災調査の際に聞かれた。被害を受けた造成地が繰り返し被災する事例は、2004 年新潟県中越地震や 2007 年新潟県中越沖地震でも確認されている。地震に対する被害軽減の視点から、抑止杭や地下水位低下工法等の施策が欠かせない。

口絵写真⑤：腹付け盛土の変状である。家屋の支持地盤は岩盤であり、この家屋の変形・移動は全くない。しかし、玄関や駐車場は腹付け盛土の上にあるため、ポーチを含む玄関の階段や駐車場は、最大 40cm 程度の水平移動と沈下を生じている。写真は地震発生から 1 年 4 カ月後の状況であるが、駐車場の隣地側の湧水が継続し、地盤の変状も続いていることから、変状部の修復ができない状況である。

口絵写真⑥：擁壁の破断・傾斜と地盤の変状に起因して建物が大きく傾斜している。擁壁は 3 カ所で破断し、各部の不等沈下が大きく、前後・左右の移動量も異なる。敷地地盤の不等沈下や水平移動量も大きく、建物は大きく傾斜している。擁壁手前の敷地の建物は損傷が激しかったことから、被災 1 年 4 カ月後の写真撮影時は建物は解体され更地になっている。また、この更地地盤の不等沈下や傾斜も進行していることが、この写真からも判読できる。

口絵写真⑦：砂地盤の液状化に起因した建物と土塀の不等沈下を示している。単位面積当りの荷重が大きい土塀の不等沈下量と傾斜が著しい。

また、**口絵写真⑧**と**カバー・右中段の写真**は、2007年新潟県中越沖地震による柏崎市の地盤と構造物の被災状況である。*M*6.8、最大震度6強の強振動により、**口絵写真⑧**では、地盤が沈下して基礎が剥出しになっている。そして、コンクリートブロックはインターロッキングの破壊を生じている。**カバー・右中段の写真**では建物の柱は、床と分離してせん断破壊している。

4.5　地震と津波の複合作用による被害と対策

（1）杭基礎構造物の基礎地盤の液状化と津波被害

カバー・左中段の写真は、2011年東北地方太平洋沖地震の被災構造物である。3階建ての鉄筋コンクリート構造物が、7m程度の長さの基礎杭をぶら下げた状態で転倒している。地震で液状化した地盤によって杭が鉛直支持力と摩擦抵抗力を消失して、地中で杭が浮いた状況下で津波により建物が転倒した際に、杭が同時に抜き上がったと考えられている。地震による液状化と津波による複合作用による従来にない建物被害である。転倒が許されない重要構造物の場合には、杭の鉛直支持力のみならず引抜き抵抗力も建物の設計で考慮する必要がある。

送電用鉄塔基礎は、鉛直下向きに対抗する支持力に加え、架線に作用する風や雪荷重に対抗する引抜き力を考慮して設計される。上部構造としての鉄塔は、**口絵写真⑪**に示すように、津波によって倒壊・流出したが、**口絵写真⑫**に示すように基礎はそのまま残っている。このことは、風や雪荷重を想定した鉄塔基礎の引抜き抵抗力は、津波荷重に対しても有効であることを示している。ライフラインとしての送電機能を被災時も維持するために、基礎と上部構造との一体的な設計法の考え方や開発は今後の課題である。

（2）橋梁・河川堤防の変状と浸水被害

口絵写真⑬は、2011年東北地方太平洋沖地震で被災した多賀城市砂押川右岸の橋台部分を示している。橋台は支持力のある地盤に支持されていて、地震動による変状はないが、橋台周辺の盛土部は約30cm沈下して、橋台との乖離部分が白く写っている。また、コンクリートの法面工にも亀裂が入り、大きくずれている部分もある。**口絵写真**⑭は、この下流部左岸の河川堤防の法面の変状を示している。コンクリート法面工は、堤防本体の土質から分離して堤外の法尻側に滑動している。これらの変状の下流側において、円弧すべり的な破壊も観察された。この破壊は、津波が堤防天端近くまで遡上したが、堤体のすべり破壊は地震動による堤防の沈下に加え、津波による水位（間隙水圧）上昇による堤体土の有効応力低下に起因していることが推察される。

一方、この近傍の右岸側では、堤防の沈下や法面のすべりの変状に加え、堤内地（背後地）が広い範囲で津波による浸水被害を受けた。**口絵写真**⑮（被災1年4カ月後）に示すように、浸水被害近傍の堤防は、2重の鋼矢板による補修工事が行われており、堤防の基礎地盤の掘削土はこの撮影地点で粒径の揃った砂質土であることを確認している。堤防の沈下等の変状は、地震動による液状化にも起因していると推察される。これらに対する対策として、常時の水位や津波の遡上による堤内地（背後地）が浸水する可能性がある堤防区間は、レベルⅡ地震動を考慮した耐震性能照査が行われている。しかし、2011年5月の段階で、一級河川の耐震性能照査の対象区間の47%[2)]は、まだこの耐震性能照査が行われていないのが実状である。二級河川を含む継続的な照査が、今後も望まれている状況である。

口絵写真⑯と⑰は、それぞれ鉄道橋と道路橋が津波によって寸断され、橋桁も流された状況を示している。橋脚が津波によって破断された箇所も多数あり、道路・鉄道等の津波被害は特に甚大である。

(3) 海岸堤防の変状

口絵写真⑱は、2011 年東北地方太平洋沖地震による海岸堤防の地震と津波による被害である。堤防の天端をはるかに超える津波が押し寄せたことから、地震動による被害を特定することは困難であるが、天端面のコンクリートスラブと陸側のコンクリート法面工が無残に剥ぎ取られている。また、**口絵写真**⑲は、防潮堤の堤内側の天端面のコンクリートスラブが津波によって移動して、法面最上段のコンクリート法面工も剥ぎ取られ、破断されている。しかし、この部分の堤外側のコンクリート法面工は何の損傷も受けていない。

口絵写真⑨と⑳は、防潮堤の全断面が延長 700m 程度にわたり全壊している状況である。堤体は良質な砂質土を用いてよく締め固められていたことから、津波の波力に起因した被害である。波力としては越波・越流や引き波による浸食・洗掘が考えられる。全断面が喪失したメカニズムは、越流した津波が堤内側(陸側)の法面を急速に流下した際に生ずる強烈な吸い上げ力により、盛土に固定されていない天端のコンクリートスラブと下流側最上段のコンクリート法面工が剥ぎ取られ、そこから盛土の浸食が開始したと考えられている [2)] が、今後の詳細な検討が必要である。

4.6 地震による広域地盤沈降と地盤沈下

日本の国土は、地殻変動に伴う沈降・隆起によって、その骨格が形成されている。国土地理院から公表されている図 4.22 は、2011 年東北地方太平洋沖地震の本震によって観測された地殻変動の量を示している。上下方向の沈下量は、地震動による体積収縮や過剰間隙水圧の消散による沈下も含まれるが、地殻変動による沈降が主要であると考えられている。東北地方の太平洋沿岸部の広い地域で 50 ～ 80cm 程度の沈下量が発生しているが、牡鹿半島では 1.2m の値が観測されている。水平方向の最大移動量は牡鹿半島で 5.4m である。三陸地方の

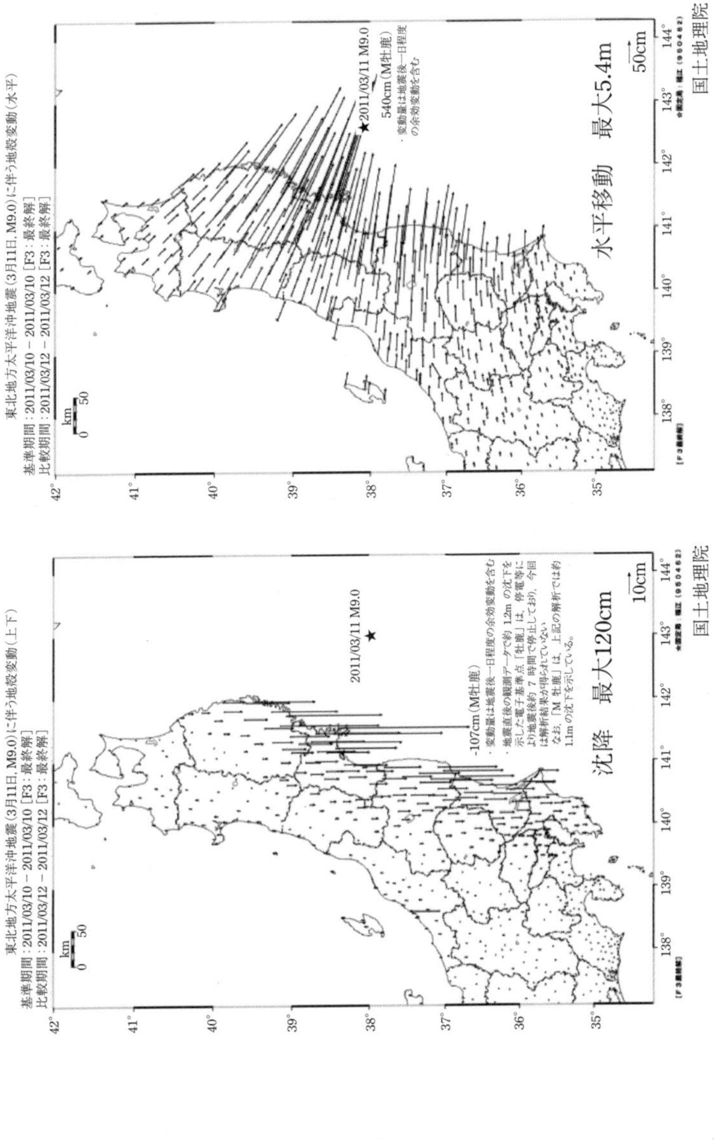

図 4.22　2011 年東北地方太平洋沖地震の本震による地殻変動 [16]に加筆

リアス式海岸は、このような地殻変動の産物であるが、この地震による冠水（海抜ゼロメートル以下）面積は $3km^2$ から $16km^2$ に拡大している[2]。地盤沈降は、基盤を浸透する海水の動水勾配を大きくするため、堤防の安定性を強化するための敷幅の拡充や止水壁の設置等の地盤工学的対策が不可欠である。

一方、地震動によって粘性土地盤に発生した骨格構造の破壊や過剰間隙水圧が消散する過程で生ずる“遅れ沈下”は、1957 年のメキシコ地震の前後の挙動が図 4.23 に示すように 7 年間にわたり観測されている。地震後の沈下は、地震動による粘性土の骨格構造の破壊と過剰間隙水圧の消散に起因する。我が国でも 2007 年新潟県中越沖地震や 2011 年東北地方太平洋沖地震で同じ挙動が観測され、そのメカニズムの解明が進められている。

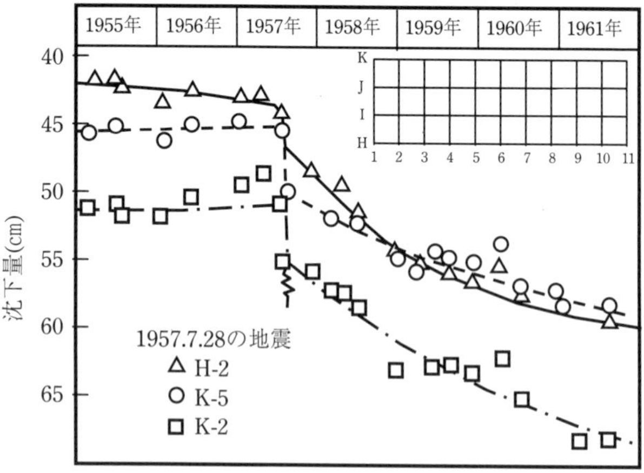

図 4.23　地震による粘性土地盤の遅れ沈下[1]に加筆修正

4.7　地震と火山による斜面崩壊

地震の多い我が国では、**表 4.1** に示すように、地震に起因した斜面崩壊や地すべりは多い。地すべり地は、粘性土や水を多量に含んだ土塊であることが多いことから、地震動は伝播しにくいが、**図 3.13(b)** に示す流れ盤では、地震によって板状のすべりが発生することがある。また、崩壊は山地の尾根沿いに発生することが多いが、これは地震動が尾根近くで増幅されることに起因しており、地形効果[17]と呼ばれている。また、地震に起因した崩壊は、**表 4.1** に示すように震度 5 以上で発生することが多い。

カバー・右上段の写真は、2007 年新潟県中越沖地震による青海川駅の斜面崩壊直後の写真である。地震動によって、海食段丘上の円礫混じりの堆積物が崩壊したが、基盤岩上面からの湧水も確認されている。**口絵写真⑩**は、被災から 2 カ月後の写真である。地震後の斜面の変状や安定性は、**図 3.7(c)** に示す GPS を用いた方法で監視された。また、斜面の復旧は、法枠工によって行われた。

我が国の火山による斜面崩壊としては、“まえがき”の**表 1** に示す雲仙普賢岳（1990 年：No.26）と有珠山（2000 年：No.39）の噴火による土石流災害がよく知られている。海外では、火山噴火による土石流に加え、火砕流の発生とそれによる被害[18]も多く報告されている。我が国の火砕流の被害は、同 No.23（大島噴火）と同 No.39（三宅島噴火）が知られている。

表 4.1　大きな斜面崩壊を発生させた近年の代表的な地震

地震の発生年	地震名（マグニチュード，震度）	被害の概要
1847	善光寺地震（7.4，7（推定））	岩倉山の地すべりによって犀川が閉塞した。土砂による家屋等の水没と浸水に加え，ダムの決壊による激甚な洪水が発生した。
1965 ～ 1970	松代群発地震（6.4，5）	牧内地すべりを含む道路の地割れ，住宅損壊，液状化，地下水の湧水。
1978	伊豆大島近海の地震（7.0，5）	多数の地すべり，落石，崖崩れが発生。最大地すべりは，阿津町の長さ 300m，幅 200m，高さ 30m。
1984	長野県西部地震（6.8，6（推定））	御岳山の南東斜面の約 300 カ所の崩壊。最大被害は，伝上川源頭付近の大崩壊（御岳崩れ）。
1993	北海道南西沖地震（7.8，6（推定））	奥尻町の観音山土砂崩れ（約 15 万 m^3）を含む数カ所の崩壊。
1995	兵庫県南部地震（7.2，7）	六甲山系で 750 近い斜面が崩壊したが，東六甲山系が大部分で，西六甲斜面の崩壊はほとんどない。断層地形としての急峻な斜面の地震動による崩壊や，露頭崖からの岩の剥落，斜面肩や尾根に接する崩壊が多い。
2004	新潟県中越地震（6.8，7）	2004 年新潟・福島豪雨（7 月）後の 10 月の地震までに，10 個の台風が上陸して地すべり地帯の地盤が緩んだことが，地震動被害を助長した。
2007	新潟県中越沖地震（6.8，6 強）	2004 年新潟県中越地震より崩壊箇所は少ないが，海食崖の薄層で海岸に突出した岬の震源方向の斜面崩壊が多い。**カバー・右上段の写真**は，その一例である。
2008	岩手・宮城内陸地震（7.2，6 強）	震源が浅く鉛直地震動が大きい（最大 3,866 gal）ことから，多くの崖崩れ，地すべり，土石流が発生した。道路の寸断，河道閉塞による土砂ダムの形成が多く，土塊移動量は 7 千万 m^3 に及ぶ大規模な地すべりが発生した。

コラム　≪自然災害と日本人の精神的風土≫

“まえがき” で示したように、我が国には国難と言われる自然災害や人災が多い。歴史的に振り返ってみても、元寇（げんこう）の戦い（1274 年、1281 年）、黒船来航（1853 年）、日露戦争（1904 年）、第二次世界大戦による敗戦（1945 年）等、数多くの国難が来襲してきた。そして、その国難の大きさをそのまま反力バネに変えて数十年の期間の中で、国民が一致団結して見事にそれらを乗り越えてきた。この度の東北地方太平洋沖地震と原子力発電所の放射能汚染（2011 年）に対しても、国の総力を挙げた対応が進行している。

我が国は、必ず来襲するこのような自然災害や人災に個人の生活や社会、国家が脅かされている。そして、このような自然災害等によって、人々の生活や人生、国家の形態が大きくリセットされるなど、無常であることの認識を、他の国やそこに生きる人々以上に、我々は深く遺伝子の中に刻み込まれているように思えてならない。

2004年新潟県中越地震（まえがき、表1のNo.49）の際、道路から転落して崖上にある埋没車両からのハイパーレスキュー隊による幼児の救出は、他国では見られない日本人の高い精神性が表れた行動であったと思う。また、大規模災害時に、店舗等からの金品の強奪・略奪防止等のため、銃を携えた軍隊の監視も我が国では不要である。大災害の際の物資の支給も、列を乱すことなく受け取り、更に必要とする場合は列の最後尾に秩序よく並べる国民性は、世界的に見ても稀有である。

日本人には、世界に類を見ない勤勉さ、逆境の際に際立つ規律と団結力の強さがある。また、世界的な経済活動や基礎科学分野、スポーツの分野等でも、世界を牽引する国民性や精神風土に裏打ちされた能力がある。これらは、“まえがき”で述べた我が国の国土と地盤の特殊性に関する立ち位置や環境に起因する自然災害に加え、四季折々の国土景観と豊かな自然の恵みの中で、深く育まれ、熟成された結果を反映しているように思える。

参考文献

1) Zeevaert, L.: Foundation engineering for difficult subsoil conditions, Van nostrand reinhold Comp., pp.520-521, 1972.
2) 地盤工学会：地震時における地盤災害の課題と対策2011年東日本大震災の教訓と提言（第二次）、2012.
3) 栗林栄一・龍岡文夫・吉田精一：明治以降の本邦の地盤液状化履歴、土木研究所報告、No.30、1974.
4) Seed, H.B. and Idriss, I.M.: Simplified procedure for evaluating soil liquefaction potential, Proc. ASCE, Vol.97, No.SM), 1971.
5) 土質工学会：Manual for zonation on seismic geotechnical hazards、1993.
6) 地盤工学会、電気的静的コーン貫入試験方法（JGS 1435-2003）、地盤調査の方法と解説、pp.366-403、2013.
7) Shogaki, T., Sakamoto, R., Kondo, E. and Tachibana, H.: Small diameter cone sampler and its applicability for Pleistocene Osaka Ma12 clay, Soils and Foundations, Vol.44, No.4, pp.119-126, 2004.
8) 地盤工学会：固定ピストン式シンウォールサンプラーによる土試料の採取方法（JGS 1221-2012）、地盤調査の方法と解説、pp.226-239、2013.
9) 正垣孝晴：性能設計のための地盤工学、鹿島出版会、pp.303-309、2012.

10) 地盤工学会：土質試験の方法と解説、土の液状化強度特性を求めるための繰返し三軸試験 (JGS 0541-2000)、pp.642-678、2000.
11) 日本港湾協会：港湾の施設の技術上の基準・同解説、1989.
12) 国土交通省北陸地方整備局新潟港湾・空港整備事務所：平成 19 年度新潟空港土質調査報告書、2007.
13) Asaoka, A. and Noda, T. : All soils all states all round geo-analysis integration, International Workshop on Constitutive Modeling-Development, Implementation, Evaluation, and Application, Hong Kong, China, 11-27, 2007.
14) Asaoka, A. : Consolidation of clay and compaction of sand-an elasto-plastic description-, Keynote lecture, Proc. of 12th Asian regional conf. on Soil mechanics and geotechnical engineering, Leung et al. Singapore, Aug., Vol.2, pp.1157-1195, 2003.
15) Asaoka, A., Noda, T., Yamada, E., Kaneda, K. and Nakano M. : An elasto-plastic description of two distinct volume change mechanisms of soils, Soils and Foundations, 42 (5), 47-57, 2002.
16) 国土地理院.
17) 浅野志穂・落合博貴・黒川潮・岡田康彦：山地における地震動の地形効果と斜面崩壊への影響、Journal of the Japan Landslide Society, Vol.42, No.6, pp.457-466, 2006.
18) 水山高久：土石流、1. 講座を始めるにあたって、2. 土石流の概要、地盤工学会誌、Vol.3, No.5、pp.111-111、2000.

索　引

あとがき

自然災害を受けた被災地に地盤工学の専門家として入ると、自然の驚異に対する人間や個人としての非力感に苛まれる。特に、1995年兵庫県南部地震や2011年東北地方太平洋沖地震での思いは、今でも鮮烈によみがえる。一方で、技術者の地盤に関する業務や自然災害に対する派遣活動等に関して、工事に伴う災害や被災地の救助・救難・応急工事等の活動で部下を指揮する幹部自衛官を育てる大学教育の立場から、地盤災害のメカニズムや対策の内容を限られた時間の中で、しかも工学系以外の学生に教えることの困難さも身に沁みている。

本書は、“地盤災害のメカニズムと対策”の内容の講義ノートを発展させて著述したものである。本書が地盤に関する実務や大学等の教育に役立つことがあれば幸いなことである。本書の執筆に際しては、学協会を含む多くの研究者の成果を使わせていただいている。松尾稔先生（元名古屋大学総長）には、2.1節と2.2節の記述に関するご指導と本書執筆の激励をいただいた。4.3節の地震応答解析による液状化予測法に関しては、野田利弘先生（名古屋大学教授）に下原稿を準備して頂いた。また、諏訪靖二様（諏訪技術士事務所）と中野義仁様（株式会社興和）には、資料や写真のご提供を頂いた。これらの多くの方に深甚の謝意を表する。

本書の図の多くは、高橋峰男様（防衛大学校非常勤職員）に作成して頂いた。土木と作図に関する豊富な知識とセンスをお持ちで、講義前の急なお願いにも快く対応して頂いた。深甚の謝意を表します。また、出版の機会を与えて下さり、明確な工程管理と原稿の調整で出版まで導いて下さった鹿島出版会の橋口聖一様に衷心より感謝の意を表する。

2013年7月

正垣 孝晴

著者紹介

正垣 孝晴（しょうがき　たかはる）

工学博士（名古屋大学），APEC Engineer (Civil)

1984 年　名古屋大学大学院 博士前期課程修了
1984 年　名古屋大学 助手（工学部 土木工学科）
1993 年　客員研究員（University of Illinois）
現　在　防衛大学校 准教授（システム工学群 建設環境工学科）

単著書　『性能設計のための地盤工学』（鹿島出版会，2012）
共著書　『最新名古屋地盤図』（コロナ社，1988）、『土の試験実習書』（地盤工学会，1991）、『地盤調査法』（地盤工学会，1995）、『地盤工学ハンドブック』（地盤工学会，1999）、『土質試験の方法と解説』（地盤工学会，2000）、『地盤調査の方法と解説』（地盤工学会，2004，2013）、『地盤調査 基本と手引き』（地盤工学会，2005）、『地盤リスクの知識』（地盤工学会，2013）
受　賞　（公社）地盤工学会奨励賞（1989 年）、（公社）地盤工学会論文賞（1995 年）、（公財）防衛大学校学術教育振興会山崎賞（1997 年）、（公社）地盤工学会功労章（2012 年）など

技術者に必要な 地盤《じばん》災害《さいがい》と対策《たいさく》の知識《ちしき》

2013 年 8 月 10 日　第 1 刷発行

著　者　正《しょう》 垣《がき》　孝《たか》 晴《はる》

発行者　坪 内　文 生

発行所　鹿 島 出 版 会
104-0028　東京都中央区八重洲 2 丁目 5 番 14 号
Tel. 03（6202）5200　振替 00160-2-180883

装幀：石原透　DTP：エムツークリエイト　印刷・製本：壮光舎印刷

ISBN 978-4-306-02454-0　C3052

本書の内容に関するご意見・ご感想は下記までお寄せください。
URL：http://www.kajima-publishing.co.jp
E-mail：info@kajima-publishing.co.jp